Dr. Viviane Theby

Schlüsselmomente

Tiertraining als Lebensphilosophie

Kynos Verlag

Konrad-Zuse-Straße 3 • D-54552 Nerdlen/Daun
Telefon: +49 (0) 6592 957389-0
www.kynos-verlag.de

Gedruckt in Lettland

ISBN 978-3-95464-300-4

Titelbild und Grafiken: Nicole Hilgers unter Verwendung von tmart_foto-stock.adobe.com und monamonash-stock.adobe.com

KYNOS STIFTUNG

Mit dem Kauf dieses Buches unterstützen Sie die
Kynos Stiftung Hunde helfen Menschen
www.kynos-stiftung.de

Haftungsausschluss

Die Benutzung dieses Buches und die Umsetzung der darin enthaltenen Informationen erfolgt ausdrücklich auf eigenes Risiko. Der Verlag und auch der Autor können für etwaige Unfälle und Schäden jeder Art, die sich bei der Umsetzung von im Buch beschriebenen Vorgehensweisen ergeben, aus keinem Rechtsgrund eine Haftung übernehmen. Rechts- und Schadenersatzansprüche sind ausgeschlossen. Das Werk inklusive aller Inhalte wurde unter größter Sorgfalt erarbeitet. Dennoch können Druckfehler und Falschinformationen nicht vollständig ausgeschlossen werden. Der Verlag und auch der Autor übernehmen keine Haftung für die Aktualität, Richtigkeit und Vollständigkeit der Inhalte des Buches, ebenso nicht für Druckfehler. Es kann keine juristische Verantwortung sowie Haftung in irgendeiner Form für fehlerhafte Angaben und daraus entstandene Folgen vom Verlag bzw. Autor übernommen werden. Für die Inhalte von den in diesem Buch abgedruckten Internetseiten sind ausschließlich die Betreiber der jeweiligen Internetseiten verantwortlich.

Für Chiara, Delia und Matz

Inhaltsverzeichnis

Vorwort

Die Tierakademie gibt es jetzt seit fast 25 Jahren. Eine lange Zeit, während der wir viel über Training gelernt haben. Wir haben viele Menschen mit ihren Hunden trainiert. Wir haben vielen Menschen das Training beigebracht und machen das natürlich immer noch.

Über all die Zeit haben wir immer herauszufinden versucht, wie wir das Training noch weiter verbessern können. Wie haben über die Zeit mit vielen spannenden Menschen gearbeitet, die uns im Lernen unterstützen.

Und vor allem haben wir immer wieder unser Verhalten geändert.

„Willst du das Verhalten deines Tieres ändern, musst du dein eigenes Verhalten ändern!" Dieser Tipp von Bob Bailey war uns immer ein Leitsatz.

Und dann hat sich herausgestellt, dass dieser Satz nicht nur fürs Tiertraining super hilfreich ist, sondern auch im eigentlichen Leben. Man kann ihn umwandeln in „Willst du dein Leben ändern, musst du dein eigenes Verhalten ändern."

Und das durften wir lernen. Wir haben uns über die Jahre ein Leben geschaffen, von dem man nur träumen kann. Das haben wir aus den Prinzipien gelernt, die wir auch im Training anwenden. Eigentlich ist es ja auch gar nicht so verwunderlich. In der englischsprachigen Wissenschaft wird immer von „human and non human animals" gesprochen. Wir haben viele Gemeinsamkeiten mit unseren Tieren. Da ist es wenig verwunderlich, dass wir dieselben Prinzipien wie im Tiertraining für unser Verhalten im Leben anwenden können. Darum wird es in diesem Buch gehen.

Das Allerschönste daran ist, dass wir damit unser Leben gestalten können, wie wir es gerne hätten.

Ein weiterer wichtiger Aspekt sind die positiven Auswirkungen, die das auf das Training mit unseren Tieren hat. Je mehr wir im Gleichgewicht sind, entspannt sind und in unserer Mitte ruhen, desto mehr können wir unseren Tieren helfen. Denn wenn ich zum Beispiel selbst total im Stress bin, wie das heute bei den meisten Menschen der Fall ist, kann ich dem Tier nur schwer vermitteln, dass

es entspannen sollte. Es kommt nicht von ungefähr, dass wir immer mehr gestresste Hunde sehen. Darin spiegeln sie sehr oft ihre Besitzer.
Aus Hundetrainer-Sicht ist es dann oft frustrierend, wenn man nur mit dem Hund an dessen Entspannung arbeiten will, der Besitzer aber eigentlich immer wieder Öl ins Feuer gießt, weil er selbst in seinem Stress bleibt. Das kann immer nur Training mit angezogener Handbremse (wie ich das nenne) bleiben. Der Hundehalter ist ein wichtiger Teil des Teams und er darf genauso ins Training mit einbezogen werden wie der Hund.
Bob Bailey hat uns so viele weise Sätze hinterlassen. Letztendlich kann man sie alle auf das wirkliche Leben übertragen. Das möchte ich in diesem Buch versuchen.

Dr. Viviane Theby
im März 2023

Workbook zum Buch

Damit du die Gedankenstöße, die du hoffentlich in diesem Buch bekommst, auch gleich in die Tat umsetzen kannst, gibt es ein gratis Workbook für dich zum Download. Denn wenn man etwas verändern möchte, muss man es nicht nur wissen, sondern vor allem tun. Dabei soll dir dieses Workbook helfen! Du kannst es parallel zum Buch durcharbeiten und dir Notizen machen oder immer mal wieder in die Abschnitte schauen, die für dich und deine Situation gerade besonders aktuell sind. Viel Spaß auf dieser erkenntnisreichen Reise!

Hier geht‘s direkt zum Workbook:
https://elopage.com/s/tierakademie/workbook-schluesselmomente

„Die beste Art, die Zukunft vorherzusagen, ist, sie selber zu kreieren."
ABRAHAM LINCOLN
Der Ausgangspunkt
Das ist schon intergalaktisch:
Geht einigermaßen:
Geht eigentlich gar nicht:

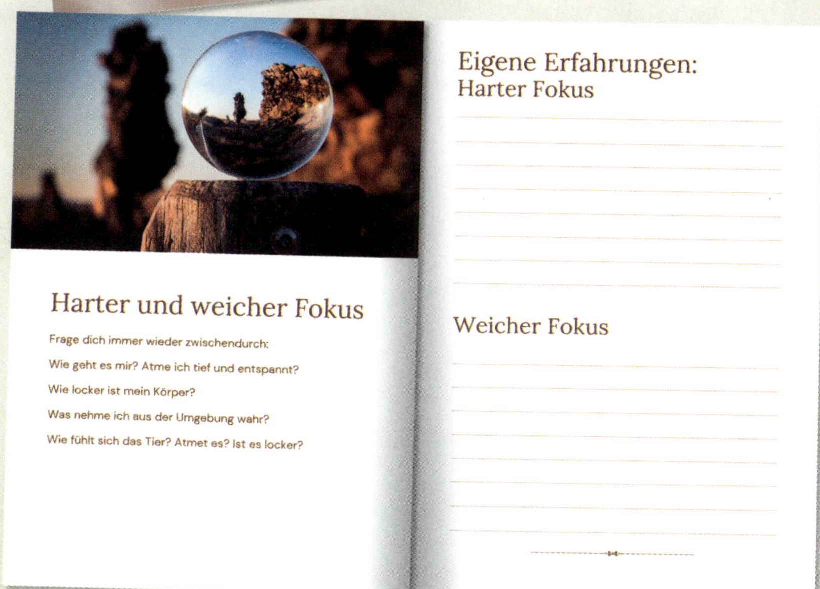
Harter und weicher Fokus
Frage dich immer wieder zwischendurch:
Wie geht es mir? Atme ich tief und entspannt?
Wie locker ist mein Körper?
Was nehme ich aus der Umgebung wahr?
Wie fühlt sich das Tier? Atmet es? Ist es locker?
Eigene Erfahrungen:
Harter Fokus
Weicher Fokus

Ein bisschen Senf ...

... muss ich als Leiterin des Kynos Verlags zu diesem eher außergewöhnlichen Buch doch auch noch loswerden, auch, weil es mich auch persönlich sehr angesprochen hat.

Ich kenne Viviane Theby schon lange, wir haben unser erstes gemeinsames Buch vor nun schon über zwanzig Jahren veröffentlicht - zum Thema „Dog Dance", das damals in Deutschland ebenso neu und ungewöhnlich war wie das Klickertraining. Bei Viviane und ihrem Scheuerhof-Team hatte ich von Anfang an das Gefühl: Da weht ein frischer Wind. Sie kam mit immer neuen Ideen, und immer mit einer Begeisterung, die ansteckend wirkte. Da konnten wir gar nicht anders, als den Weg mitgehen, und die Reaktionen der Leser gaben uns Recht. Das Spannende ist, dass ich viele der Dinge, Entwicklungsschritte und Erkenntnisse, die Viviane in diesem Buch beschreibt, auch parallel bei mir selbst so oder so ähnlich erlebt habe. Wir sind ähnlich alt, haben ähnlich lange mit Tieren zu tun und sind ähnlich neugierig. Und es scheint tatsächlich so zu sein, dass man, was man früher gern als hohle Sprüche abtat - „Wenn Du erstmal in dem Alter bist ..." oder „Das verstehst Du später" tatsächlich etwas dran ist. Die Erfahrung erweitert die Perspektive, sofern man denn bereit ist, sich zu bewegen und zu verändern. Plötzlich fallen einem Dinge und Zusammenhänge wie Schuppen von den Augen und wieder ein neues Puzzlestückchen des Lebens fällt an seinen richtigen Platz. „Ach so! Hätte ich das doch früher verstanden!" ruft es dann in einem.

Wobei es oft eher eine Rückkehr zu dem ist, was man als Kind eigentlich intuitiv schon wusste, dann aber verstandesmäßig wieder verlernt hat, weil man trainiert wurde, dass es nur auf die harten und nachweisbaren Fakten und auf die Leistung ankommt. Als Kind war ich felsenfest davon überzeugt, dass Tiere sprechen können und wir uns nur anstrengen müssen, sie zu verstehen. Das wurde mir später quasi „ausgeredet", da hieß es beispielsweise, du musst dein Pferd dominieren, damit es dich respektiert, du musst dich durchsetzen und vieles mehr, was mir kontraintuitiv erschien, aber gut, ich machte und glaubte es, weil namhafte Trainer es sagten.

Heute, viele Jahre und Erfahrungen später, glaube ich wieder, dass Tiere mit uns sprechen können. Und ich beginne gerade immer mehr Wege zu finden, sie zu verstehen. Das ist genauso wenig esoterisch wie das, von dem Viviane in ihrem Buch erzählt. Sie fügt lediglich ein paar wichtige fehlende Puzzleteile hinzu.

„Meine bisherigen Bücher waren Verstandesbücher. Hier kommen Körper und Geist zusammen," sagt sie an einer Stelle des Buchs so schön, und das fasst die Essenz eigentlich ziemlich treffend zusammen.

Oft ist da auch die Rede von Schwingungen und Energie, und das aus dem Mund einer Trainerin, die doch jahrzehntelang ihren Schülern stets die „nüchternen Fakten" der operanten Konditionierung gelehrt hat und ihnen eingeschärft hat, sie sollten vernünftig ihre Schritte planen, Daten sammeln und die Emotionen aus dem Spiel lassen. Das stimmt ja auch immer noch. Aber es ist eben nur die eine Seite der Medaille – sprich des Trainings sprich des Umgangs mit anderen Lebewesen sprich mit uns selbst. Das eine ist so wichtig wie das andere. Allein mit positiver Energie kannst du auch keinem Hund den Rückruf beibringen. Es ist Arbeit, Handwerk, Übung. Aber eben nicht nur.

Eine kleine Geschichte aus meinem eigenen Leben möchte ich noch erzählen, die mir spontan beim Lesen der ersten Kapitel von Vivianes Manuskript wieder einfiel – da, wo sie vom Wünschen, von der Wunschenergie und der Umsetzung der Wünsche schreibt.

Als Kind wünschte ich mir nichts sehnlicher als ein Pferd. Der Wunsch war überwältigend stark, immer da und ließ sich nicht verdrängen. Er war mehr als eine vorübergehende Laune, weil viele kleine Mädchen halt für Pferde schwärmen, die Frage erschien mir tatsächlich eher existenziell. Ohne Pferd, so war ich überzeugt, könnte ich dauerhaft kein glückliches Leben führen. Meinen Eltern entging das nicht, aber sie trauten der Ernsthaftigkeit meines Wunsches nicht so recht, mal abgesehen davon, dass wir zuhause nicht die Möglichkeit zum Halten eines Pferdes gehabt hätten (und so etwas wie Pensionsställe gab es damals auch noch nicht, mal abgesehen davon, dass das finanziell nicht infrage gekommen wäre). Also blieb es bei den Steckenpferden und einem Regal voll Pferdebücher.

Eines Sonntags schleppten meine Eltern mich auf einen Flohmarkt mit. Da lag ein altes, kaputtes Zaumzeug auf dem Boden vor einem Stand und mein Vater merkte, wie ich es anschaute. Ohne großes Überlegen wandte er sich an den Verkäufer und fragte, was es kosten sollte. Ich glaube, es waren fünf Mark. Er kaufte es, drückte es mir in die Hand und sagte: „Wenn du erstmal die Klinke hast, baut sich das Haus dazu, wirst schon sehen."

Fortan hing das Zaumzeug in meinem Zimmer, und was soll ich sagen, wenige Jahre später hatte ich tatsächlich ein Pferd, das auf völlig ungeplanten Umwegen und unter unvorhergesehenen Umständen zu mir fand. Und heute lebe ich meinen Kindheitstraum zusammen mit meinem Mann auf unserem wunderschönen alten Hof in der Eifel mit vielen Pferden direkt hinter dem Haus, die ich morgens in Hausschuhen besuchen gehen kann, mit Hunden und Katzen und einem wunderbaren Beruf. Und das Zaumzeug habe ich immer noch.

Mein Vater hat mir damals, ob bewusst oder unbewusst, eine unglaublich wichtige Lebenslektion mitgegeben: Glaub an deine Träume, verliere sie nicht aus dem Blick, auch, wenn sie unerfüllbar scheinen, hab Geduld und geh Schrittchen für Schrittchen auf dein Ziel zu. Dann werden sie wahr.

Ich wünsche euch allen so viel Spaß und so viele gute Gedankenanstöße beim Lesen dieses eher ungewöhnlichen „Trainingsbuchs", wie ich es hatte.

Gisela Rau
Kynos Verlag
im März 2023

„Folge deinen Träumen. Sie kennen den Weg."

Kobe Yamada

1.

„You‘ve got the power!“

Mit diesem Satz sitzt mir Bob Bailey immer auf den Schultern. Bob Bailey, einer der Urgesteine im Tiertraining, war in ganz vielen Dingen unser Mentor. Er hat uns so viel über das Training, aber auch für das Leben beigebracht.
In diesem Buch möchte ich gerne kurz und knapp vorstellen, was wir im Training gelernt haben, und dann zeigen, was das für unser Leben bedeutet.
Denn es ist so spannend: Es ist so, als ob uns das Universum überall Hinweise dazu gäbe, wie die Gesetzmäßigkeiten im Leben sind. Das gilt eigentlich für jedes Fachgebiet. Hier ist es am Beispiel des Tiertrainings gezeigt.
So haben wir zum Beispiel im Training die Power über die Position des Tieres, je nachdem, wo wir unseren Belohnungspunkt hinlegen. Viele Trainer laufen mit den Leckerchen ihrem Hund nach und versuchen, es ihm da zu geben, wo er sich gerade befindet. Aber es ist so viel cleverer, sich zu überlegen, wo wir den Hund haben wollen und dann an dieser Stelle zu füttern. Wenn es zum Beispiel darum geht, dass der Hund an lockerer Leine geht, dann ist ein guter Futterpunkt direkt am Bein des Hundehalters. Ich halte also das Leckerchen einfach an meinem Bein herunter und der Hund darf dahin kommen, um es sich abzuholen. Ich gehe also nicht zwei Meter nach vorne und gebe es dem Hund, sondern er darf zu mir kommen. Im Laufe der Zeit führt das auch dazu, dass der Hund immer näher bei mir bleibt.
Mit dem Ort der Belohnung haben wir also die Power.
Das ist ein Beispiel. Wir haben im Training natürlich noch auf viele weitere verschiedene Art und Weisen die Power. Wichtig ist da, dass wir wirklich machtvoll sind. Wir sind dem, was da mit dem Hund passiert, nicht machtlos ausgeliefert. Es gibt sehr viel Selbstbewusstsein, wenn man diese Möglichkeiten erkennt und anwenden kann.
Was heißt das für uns im Leben? Auch im Leben haben wir die Power. Und darum geht es im Folgenden.

„You've go

Die Macht, etwas zu verändern

Jeder hat die Macht, sein Leben so zu gestalten, wie er es gerne haben will. Auch du. Vielleicht geht es dir aber so wie vielen, die sich machtlos vorkommen. Da ist zwar dieses vage Gefühl, dass das Leben etwas anders sein könnte, aber ...

In diesem ersten Kapitel möchte ich die Tatsachen aufzeigen, die wir alle sowieso alle mehr oder weniger nutzen, um unser Leben zu gestalten. Kennt man diese Mechanismen, kann man sie auch zu seinen Gunsten verändern.

Da haben wir einmal die anatomischen Grundlagen. Nehmen wir unser Gehirn mit seinen Nerven und Synapsen. Gedanken schaffen Nervenverbindungen. Es gibt sogar Studien darüber, die zeigen, dass es keinen Unterschied macht, ob ich mir genau vorstelle, die Tonleiter auf dem Klavier zu spielen oder ob ich es tatsächlich übe. Das Ergebnis im Gehirn ist dasselbe. Spannend, oder?

Jetzt nimm mal wahr, welche Gedanken du so den ganzen Tag denkst. Welche Verbindungen werden da geschaffen?

Diese Verbindungen kann man sich wie Pfade im Dschungel vorstellen. Gehe ich einmal durch ein bisher unbetretenes Gelände, wird man kaum etwas davon sehen, es sei denn, man ist erfahrener Spurenleser. Mit jeder Wiederholung wird der Pfad aber deutlicher. Irgendwann will ich mit einer Karre den Pfad gehen, was ihn noch etwas breiter macht. Vielleicht überholt mich jemand mit seiner Karre und der Weg wird immer breiter. So kann das weitergehen, bis aus dem Pfad eine Autobahn entstanden ist. Das sind dann die Abläufe, die automatisch gehen und über die wir gar nicht mehr nachdenken müssen.

Das Autofahren ist ein schönes Beispiel: Während wir in der Fahrschule jede Bewegung von Händen oder Füßen sehr bewusst machen mussten, läuft das jetzt ganz automatisch.

Eine Straße, die irgendwann nicht mehr genutzt wird, wird wieder zuwachsen. Selbst durch den Asphalt wachsen wieder die Pflanzen. Löwenzahn ist zum Beispiel so stark, dass er selbst Asphalt aufbrechen kann.

Wir können bestimmen, welche Straßen wir in unserem Gehirn regelmäßig nutzen und ausbauen oder welche wir zuwachsen lassen. Das ist also kein Zufall, sondern folgt ganz bestimmten Gesetzmäßigkeiten, die wir für uns nutzen können.
Schwingungen sind ein weiteres schönes Beispiel. Wenn du dich mit Musik beschäftigst, dann weißt du vielleicht, dass, wenn man auf einer von zwei nebeneinander liegenden Gitarren die G-Saite anschlägt, diese auch auf der anderen Gitarre ins Schwingen kommt, obwohl man die gar nicht angefasst hat.
Die Quantenphysik zeigt uns, dass alles Schwingung ist. Subatomare Teilchen erscheinen nämlich manchmal wie Teilchen und manchmal wie Wellen. Ihre Eigenschaften werden durch Quantenzustände beschrieben, die sich gegenseitig beeinflussen können. Gleiche Schwingungen schwingen gemeinsam und können sich verstärken.
Je nachdem, wie wir selber schwingen, werden uns entsprechende Situationen im Leben begegnen. Ein wenig wird das in unserem Sprachgebrauch deutlich. So sprechen wir manchmal davon, dass wir „high" sind, wenn es uns so richtig gut geht oder „down" im gegenteiligen Fall. „Das zieht mich runter" ist auch ein Ausdruck für die niederen Schwingungen. Dr. David R. Hawkins, ein amerikanischer Psychiater (1927-2012), hat eine Bewusstseins-Skala entwickelt, in der Emotionen basierend auf ihrer vermeintlichen Frequenz auf einer Skala von 1-1000 bewertet werden. Demnach hat zum Beispiel Scham den Wert 20, Verzweiflung den Wert 50, Akzeptanz 350, Freude 540 und Frieden 600.
Nun kann man sich gut vorstellen, dass - wie in der Physik - diese Schwingungen sich beeinflussen. So sagt man ja auch, dass gute Laune ansteckend ist. Wir können also sagen, dass die Umwelt immer unser Spiegel in Sachen Schwingungen ist.
Ich weiß noch, wie ich am Anfang meiner Karriere viel auf Bahnhöfen unterwegs war und dabei immer gerne die Menschen beobachtete. „Es gibt kaum noch hübsche Menschen auf der Welt", war damals mein Gedanke. Als ich vor Kurzem mal wieder auf Tour war, begegnete ich lauter hübschen Menschen. Das ist ein schönes Beispiel. Denn die Menschen haben sich ja nicht verändert, aber ich und meine Schwingung. Deshalb nehme ich die Welt auch ganz anders wahr.
Mit etwas Übung können wir unsere Schwingung genauso bewusst verändern wie unsere Nervenverbindungen und unsere Biochemie. Wir haben also viele Rädchen, an denen wir drehen können.

„You get what you reinforce, not what you want“

„Du bekommst das, was du verstärkst, nicht das, was du willst“.

Dieser Satz von Bob Bailey ist selbst im Trainingskontext oft schwer zu verstehen. Dasselbe gilt für die Anwendung im Leben. Also versuche ich das mal zu erklären:
Im Training heißt das, dass unser Tier das Verhalten zeigt, was wir ihm beigebracht haben. Bei Verhalten, die wir bewusst trainiert haben, wird jetzt jeder sagen „Klar, was denn sonst.“ Aber bei unerwünschten Verhalten geht es dann los. Da ist der Hund aggressiv gegen andere Hunde auf dem Spaziergang. Wenn ich dann sage, der erste Schritt auf dem Weg zur Lösung ist es, die Verstärker abzustellen. Dann ernte ich regelmäßig entsetzte Blicke, so nach dem Motto: „So ein Verhalten würde ich doch nie verstärken!“ Und doch ist es in der Regel genau das, was den Hund in seinem Problemverhalten hält.
Was sind denn nun Verstärker in der Situation? Aufmerksamkeit ist ein riesengroßer Verstärker. Gehen Hund und Mensch normalerweise nebeneinander her, ist der Mensch meist mit seinen Gedanken beschäftigt und nur selten anwesend in der Situation, im Hier und Jetzt. Für den Hund ist das dann so, als ginge eine leere Hülle neben ihm. Es ist einfach niemand zuhause. Für den Hund als sehr soziales Wesen ist das keine angenehme Situation. Das ändert sich augenblicklich, wenn der Hund irgendetwas macht, was er eigentlich nicht soll. Sofort ist sein Mensch mit der Aufmerksamkeit bei ihm. Das ist also ein großer Verstärker für alle unerwünschten Verhalten. Ganz speziell bei der Hundebegegnung kommt dann noch dazu, dass es ganz schnell der Mensch ist, der als erstes auf den anderen Hund reagiert, schon allein deshalb, weil er den Hund aus seiner Perspektive viel eher sieht. Er nimmt die Leine kürzer, spannt sich an, hört meistens auf zu atmen und ist schon voller Erwartung auf das, was da kommt. Er hat das Bild schon genau vor sich. Aus Sicht des Hundes muss da eine ganz gefährliche Situation im Anmarsch sein, sonst würde sein Mensch ja nicht so reagieren. Und wann re-

agiert er so? Immer dann, wenn ein anderer Hund kommt. Also müssen andere Hunde gefährlich sein. Und so ist es der Mensch, der das Verhalten des Hundes bestimmt und immer wieder verstärkt.

Ein anderes häufiges Beispiel, was dieses Prinzip sehr schön verdeutlicht, ist das Aufnehmen von Gegenständen bei Welpen. Die Welpenbesitzer möchten verständlicherweise nicht, dass ihr Kleiner etwas potenziell Gefährliches aufnimmt und eventuell sogar herunterschluckt. Also passen sie sehr gut auf. Sobald der Kleine etwas gefunden hat, laufen sie schnell hin und nehmen es ihm aus dem Maul. Wieder ist es die Aufmerksamkeit, die das Verhalten sehr bestärkt. Aus Sicht des jungen Hundes hat er ja etwas Spannendes gefunden. Denn sonst käme sein Mensch ja nicht sofort angelaufen und wollte das auch haben. Da Hunde eine viel bessere Nase haben als Menschen, wird er diese begehrten Dinge immer viel erfolgreicher finden als wir. Besonders eklig finden es die Hundehalter, wenn es sich dabei um Kot handelt. Und schon entsteht ein Teufelskreis und das allerbeste Missverständnis. Der Mensch möchte eigentlich jede Aufnahme vermeiden, aber genau dadurch macht er es erst spannend und bietet dadurch den besten Verstärker.

Es ist so schön, wenn man einen Welpen beobachtet, der etwas für ihn Spannendes gefunden hat, sich aber kein anderer dafür interessiert. Schnell verliert er dann daran auch das Interesse. Denn er lernt ganz viel durch Beobachten.

Stellt sich für ihn jedoch heraus, dass alle anderen das auch sehr spannend finden und dann sogar angelaufen kommen, um es ihm wegzunehmen, wird er zunächst versuchen, seine kostbare Beute in Sicherheit zu bringen, indem er damit wegläuft oder/und sein Maul ganz feste zuhält, wenn er geschnappt wird. Da das in der Regel nicht sehr erfolgreich ist, weil der Mensch es ihm immer noch wegnimmt, ist der nächste Schritt einfach das Herunterschlucken. Da ist die Beute in Sicherheit und keiner kann sie ihm mehr wegschnappen. Und schon wurde dem Hund beigebracht, Dinge hinunterzuschlucken, bei denen er von sich aus nie auf die Idee dazu gekommen wäre. Man bekommt das, was man verstärkt, nicht das, was man möchte!

„You get what you rein

Hat man das Prinzip erst einmal verstanden, ist man der Lösung des Problems schon einen großen Schritt näher. Man darf den Verstärker finden, sein Verhalten ändern und damit wird sich auch das Verhalten des Hundes ändern. Die Betonung liegt auf der Veränderung des eigenen Verhaltens (siehe auch S. 97). Das ist sehr entgegen der allgemeinen Vorstellung, in der immer versucht wird, das Verhalten des Hundes zu verändern. Soweit zum Trainingskontext. Wie ist es jetzt im Leben?

Auch im Leben kann man sagen, dass wir uns die Situation, in der wir jetzt leben, genau so erschaffen haben! Oh, das ist hart! Und diese Kröte ist nicht leicht zu schlucken. Vielleicht wurde es ja schon durch das vorherige Kapitel mit den Schwingen etwas deutlich. Hier möchte ich noch eine andere Art der Erklärung bringen, um es verständlicher zu machen.

Es heißt ja schon in der Bibel: „Bittet und so wird euch gegeben." Aber genauso wenig, wie man seinem Hund mit Absicht beibringt, gefährliche oder eklige Sachen abzuschlucken, ist dieser Zusammenhang zunächst unverständlich. Man kann sich das Universum wie ein großes Einkaufshaus vorstellen oder in heutiger Zeit eher wie einen Onlinehändler. Man braucht nur die Bestellung abzugeben und bekommt geliefert, oft sogar schon am nächsten Tag. „Moment mal! Das ist ja klar, aber ich bestelle mir ja nicht ... in mein Leben." Fülle einfach ein, was für dich da zutrifft.

Doch! Ein schönes Beispiel sind die Warum-Fragen, die man sich immer wieder stellt. Das sind die deutlichsten Bestellknöpfe. „Warum klappt das bei mir nicht?" Schwupp, Bestellung abgeschickt, wird geliefert! „Weil du nicht gut genug bist!" „Weil du zu blöd bist!" „Weil du das nicht verdient hast!" Und neben den Antworten, die du dir ja selber lieferst, schickt das Universum noch die passenden Situationen dazu. Die Bestellung wird also zuverlässig geliefert. Garantiert.

Ein anderer schöner Bestellknopf ist „Ich will nie ...!" Fülle wieder ein, was für dich zutrifft. Ich wollte zum Beispiel nie einen Schimmel. Rate mal, welche Farbe mein Pferd hat? Natürlich: weiß.

Als ich mit der Verhaltenstherapie angefangen habe, war für mich schnell klar „Ich will nie einen Problemhund!“ Was suchte ich mir aus? Den ängstlichsten Hund aus dem Wurf. Natürlich spielte da auch mein Ego mit: „Wer, wenn nicht du, sollte das hinbekommen?“ Ich habe es hinbekommen. Aber nicht durch mein Wissen aus der Verhaltenstherapie, sondern durch die richtige Bestellung beim Universum. „Wie finden wir eine Lösung?“ ist dafür ein schöner Bestellknopf. Runa wurde der perfekte Hofhund und hat so vielen Welpen auf sehr klare, deutliche, aber ungefährliche Weise beigebracht, dass man erwachsenen Hunden gegenüber höflich sein sollte.

Ein anderer Bestellknopf ist „Ich wünsche mir ...!“ Antwort des Universums: „Ok, dann wünsch du dir!“ Sehen wir uns das mal wieder mit dem Wissen um die Schwingungen an. Eine Wunschschwingung hat meist auch eine Schwingung des Nicht-daran-Glaubens enthalten. Vergleiche mal „Ich wünsche mir ein Traumschloss“ mit „Morgen bekomme ich eine neue Frisur.“ Beim Traumschloss wirst du die Wunschenergie spüren, beim Gedanken an die neue Frisur die Habenenergie. Merkst du den Unterschied? Man kann also fast sagen: Das, was man sich erhofft, wird man nie bekommen! Oh, das ist starker Tobak, oder? Aber ich bin sicher, dass du viele Beispiele dafür finden wirst, wenn du dein Leben mal durchforstest.

Wir dürfen also lernen, die Habenenergie in uns zu fördern. Wieder ist es eine Arbeit in unserem Inneren und hat mit dem Außen nichts zu tun. Dafür ist die Zusammenarbeit von Körper, Verstand und Gefühlen sehr wichtig. Wir dürfen wahrnehmen lernen, wie sich die Habenenergie im Körper anfühlt und von welchen Gedanken sie begleitet ist. Den Status brauchen wir dann „nur noch“ kopieren und in anderen Situationen anzuwenden. Das „nur noch“ steht in Anführungsstrichen, weil es zwar ganz einfach, aber nicht leicht ist. Das dürfte für die meisten ein viel zu großer Trainingsschritt sein. Aber das macht ja nichts. Da kann man sich ja hinarbeiten.

Hier sind wir erst einmal bei dem Punkt: Wissen ist Macht. Wenn ich diese Zusammenhänge nämlich verstehe, dann habe ich eine ganz große Macht. Ich brauche sie dann nur noch Schritt für Schritt zu meinem Vorteil anzuwenden.

Das Lernlabor

In unserer Trainerausbildung bei Bob Bailey waren die Hühnermodule ein zentraler Punkt. Sie haben unser Training wirklich auf das nächste Level gebracht. Oft ist es für Menschen sehr erstaunlich, dass man sein Training mit dem Training von Hühnern verbessern kann. Was hat Hühnertraining mit Hundetraining zu tun? Beim Training mit den Hühnern wird der Fokus viel mehr auf den Trainer gelegt. Das Verhalten des Trainers steht im Spotlight. Beim Hundetraining oder auch beim Training anderer Tierarten steht das jeweilige Tier zu sehr im Fokus mit seiner Eigenschaft, mit seiner Persönlichkeit. Der Trainer ist dabei wie der Satellit eines Planeten. Alles dreht sich um das Tier. Entsprechend liegt es dann auch immer am Tier, ob ein bestimmtes Vorgehen im Training klappt oder nicht.

Beim Hühnertraining wird das umgedreht. Da steht der Trainer im Mittelpunkt. Das Huhn ist sozusagen nur der Zeiger, ob das, was der Trainer macht, Ergebnisse bringt oder nicht. Der Trainer mit seinem Verhalten steht im Fokus. Denn es ist immer der Trainer, der sein Verhalten ändern muss, um das Verhalten des Tieres zu ändern.

Ein anderer großer Aspekt in den Hühnermodulen ist das Lernlabor. Das Training findet so außerhalb der täglichen Realität statt, dass man dazu ermuntert wird, sein Verhalten wirklich mal zu ändern und ganz neue Verhalten bei sich selbst auszuprobieren. Das Huhn muss am Ende ja nichts können. Man kann also auch nichts kaputtmachen. Von daher wird der Trainer ermuntert, wirklich mal Dinge auszuprobieren, die er sich mit seinem Tier gar nicht trauen würde, weil er da viel häufiger die Befürchtung hat, etwas kaputtzumachen.

Für mich war zum Beispiel mal eine spannende Erfahrung im Lernlabor, ein sehr präzises Verhalten ohne Klicker zu trainieren. Bisher hatte ich den „Glaubenssatz“, dass man sehr präzises Verhalten mit Klicker trainieren sollte. (Je nach eigenem Können gilt das natürlich immer noch und bringt die besten Ergebnisse.) Im Lernlabor wurde ich von Bob ermutigt, mal etwas Neues auszuprobieren. In Modul eins soll das Huhn lernen, Farben zu unterscheiden. Die erste Aufgabe, dass das Huhn aus vier Farben eine Farbe herauszusuchen lernt, konnte ich mir ohne Klicker gut vorstellen. Das ging dementsprechend auch sehr leicht, weil ich das schon oft genug trainiert hatte.

Danach ging es aber darum, dass das Huhn innerhalb einer Session lernen sollte, eine neue Farbe zu picken, obwohl die alte Farbe, wir sagen das alte

„heiße Target", weiter dabei ist. Das Huhn wird also im Zweifelsfall immer das alte heiße Target picken, weil es dafür schon so oft belohnt wurde. Und da Hühner sehr schnell im Picken sind, muss man als Trainer noch schneller sein, um dieses Verhalten auf ein neues Target umzutrainieren. Es werden also in sehr hohem Maß das Timing und die Beobachtungsgabe des Trainers geschult. Das konnte ich mir bis zu diesem Zeitpunkt ohne Klicker nicht vorstellen. Es war also für mich ein Raustreten aus meiner Komfortzone.
Und siehe da: Es ging! Ich konnte das Verhalten trainieren, obwohl extreme Geschwindigkeit gefordert war. Das hätte ich nie für möglich gehalten. Die Tatsache, das Hühnertraining als Lernlabor zu sehen und mal Dinge auszuprobieren, die ich sonst im Training nie gewagt hätte, hat mich also um eine sehr wertvolle Erfahrung reicher gemacht.
Eigentlich dürfen wir unser ganzes Leben als Lernlabor sehen. Wir dürfen verschiedene Dinge ausprobieren, aus unserer Komfortzone treten und sehen, was für uns am besten passt. Denn eigentlich ist alles nur ein Ausprobieren. Alles ist ein Test.

> *Wir dürfen unser ganzes Leben als Lernlabor sehen. Wir dürfen verschiedene Dinge ausprobieren, aus unserer Komfortzone treten und sehen, was für uns am besten passt. Denn eigentlich ist alles nur ein Ausprobieren.*

Ein schönes Beispiel hierfür sind auch die unterschiedlichen Essensempfehlungen: Die einen schwören auf Rohkost, die anderen auf Gekochtes, die einen auf Low Carb, die anderen auf Low Fat. Man findet also von allen möglichen Varianten auch das genaue Gegenteil als Empfehlung. Wie soll man sich da zurechtfinden? Indem man eben seine eigenen Studien im eigenen Lernlabor macht!

In dem Essensbeispiel kann man für sich also mal einen Versuch aufbauen, in dem man eine Variante für sechs Wochen testet und anschließen eine andere. Man bestimmt im Vorfeld den Ausgangspunkt. Da könnten Dinge enthalten sein wie:

- Wie ist mein Energielevel von 1–10?
- Wie gut und wie viele Stunden schlafe ich?
- Wie ist mein Hungergefühl über den Tag verteilt?
- Wie sehr genieße ich das Essen?

Hier kannst du natürlich deine eigenen Kriterien auswählen, die für dich wichtig sind. Dann startet der Versuch und du beobachtest, ob sich an den Faktoren etwas ändert.
Wie schmeckt dir das Essen? Wie fühlst du dich eine bis zwei Stunden später? Das ist eine spannende Frage, denn wir wollen schließlich herausfinden, wie gut uns das tut. Nach sechs Wochen gucken wir dann auch wieder sehr genau, wie es uns geht und vergleichen das mit dem Ausgangspunkt.
Danach testen wir die nächste Variante. Nur so kannst du letztendlich herausfinden, was für dich persönlich das Beste ist. Denn alles andere sind ja nur allgemeine Empfehlungen, die eigentlich nichts über dich als Individuum aussagen.
Nur im eigenen Lernlabor lässt es sich herausfinden, was für einen persönlich gilt.
Hat man ein eigenes Unternehmen, ist die Werbung ein weiteres schönes Beispiel. Man kann einfach nicht vorhersagen, was funktioniert. Es gibt zwar allgemeine Richtlinien. Aber manchmal kann man sich daran halten und es funktioniert trotzdem nicht. Erfolgreiche Unternehmer haben daher die Einstellung „Alles ist ein Test“. Daher braucht auch zuerst ein Produkt noch nicht perfekt zu sein. Man muss es sowieso erst einmal testen. Stellt sich dann heraus, dass es nicht bei den Kunden ankommt, hat man noch nicht unnötig viel Zeit verschwendet und kann etwas anderes testen.
Gucken wir uns an, wie es die Natur handhabt, stellen wir fest, dass sie es ganz genauso macht. Es entstehen unzählige Lebensformen als Test. Damit

finden sich immer welche, die optimal an die jeweiligen Bedingungen angepasst sind. Der Mensch legt sich in der Regel fest auf eine Monokultur, die dann nicht mehr funktioniert, wenn sich etwas ändert. Das sehen wir zurzeit mit unseren Wäldern in der Trockenheit, aber auch mit vielen anderen Kulturen, die in der Landwirtschaft angebaut werden.

Wir sehen es bei Menschen, die sich in ihrem Leben auf eine Sache festlegen. Die Coronazeit war ein schönes Beispiel: Es gab viele, die in ein großes Loch gefallen sind, weil sie nicht mehr machen konnten, was sie immer gemacht haben. Andere haben etwas Neues getestet, sind zum Beispiel auf online umgestiegen und konnten enorm von dieser Zeit profitieren.

Die Natur zeigt uns, dass es ums Überleben desjenigen geht, der sich am besten an eine neue Situation anpassen kann. Dafür dürfen wir testen und immer wieder ausprobieren. Vielleicht ist das, was die letzten Jahre gut für uns war, ja inzwischen überholt und wir dürfen uns neu orientieren?

Wir dürfen also das Leben als großes Lernlabor nutzen. Wir dürfen immer wieder unsere Komfortzone verlassen und ganz tolle Entdeckungen machen.

2.

Einen Plan haben

Jeder, der auf irgendeinem Gebiet erfolgreich ist, hat einen Plan. So gibt es Baupläne für Häuser oder Möbel, aber auch Lehrpläne in den Schulen und genauso Pläne für Unternehmen. Im Training haben wir einen Trainingsplan. Der beinhaltet das Trainingsziel. Was wollen wir trainieren? Was soll der Hund am Ende machen? Wie soll das genau aussehen? Dann haben wir den Ausgangspunkt. Was kann der Hund jetzt schon? Worauf können wir aufbauen? Es ist ähnlich wie bei einem Navigationsgerät. Auch das braucht den Ausgangspunkt und das Ziel, um den Weg zu berechnen.
Übertragen aufs Leben bedeutet das, dass wir einen Lebensplan brauchen. In diesem Kapitel werden wir uns anschauen, wie das aussehen kann und welche Herausforderungen ein solcher Lebensplan bringen kann.

Das Lebensziel

„Lasse die Grenzen der anderen nicht deine Grenzen sein."

Beim Trainingsziel sprechen wir immer vom intergalaktischen Trainingsziel. Der Trainer soll sich vorstellen, wie das Ziel in seinen kühnsten Träumen aussehen könnte. Warum machen wir das, wenn doch dann die Wahrscheinlichkeit, dass man es erreicht, gefühlt immer weiter sinkt? Das ist ganz einfach: Es gibt immer so viele Möglichkeiten, ein Ziel zu erreichen. Wenn ich mir jetzt nur ein kleines Zwischenziel stecke und mir überlege, wie ich dahinkomme, kann es sein, dass ich mir meinen weiteren Weg damit verbaue oder auf alle Fälle viel schwieriger mache. Nehmen wir ein Beispiel aus dem Obedience. Da sollte der Hund „Sitz", „Platz" und „Steh" am Ende gleich gut können.
Wenn ich jetzt mit einem jungen Hund das Training beginne und ihm zunächst das „Sitz" beibringe, habe ich auf diesem Verhalten unter Umständen später eine so große Belohnungsgeschichte, dass der Hund sich im Zweifelsfall immer eher setzen wird. Weiß ich aber von Anfang an, dass die Verhalten sozusagen gleichberechtigt sind, werde ich ganz anders trainieren.
Oft weiß man gar nicht, was das Ziel für die Weltmeisterschaft ist, wenn man mit seinem Hund die ersten Trainingsschritte auf einem Gebiet macht. Will man aber wirklich erfolgreich sein, dann sollte man sich das so früh wie mög-

lich ansehen. Man kann auch erfolgreiche Trainer fragen, wie es dann perfekt aussieht. Man kann fragen, was so die typischen Fallstricke sind. Oder man kann sich natürlich gleich von einem Weltmeister trainieren lassen.
Was heißt das jetzt fürs Leben? Wir brauchen ein Lebensziel. Auch das sollte ein intergalaktisches Lebensziel sein oder eine Vision, etwas, was man sich in seinen schönsten Träumen kaum vorstellen kann.
Die meisten Menschen haben zu große Ziele, aber zu kleine Visionen. Da möchte jemand zum Beispiel in einen Tag reinpacken, was vielleicht noch nicht einmal in drei Tage passt. Das ist so, als wollte ich zehn Liter Wasser in einen Fünf-Liter-Eimer gießen. Das passt einfach nicht und jeder wird den Wahnsinn hinter einem solchen Versuch erkennen. Ähnliches machen die meisten Menschen mit ihren Tagen, erkennen den Wahnsinn jedoch nicht, hängen dann immer nur hinterher und sind vollkommen unzufrieden mit sich selbst, dass sie etwas nicht geschafft haben.
Was also ist der Unterschied zwischen Vision und Ziel?
Die Vision ist etwas Großes. Wenn man die Vision vor Augen hat, sollte man sich vorkommen wie vor einem Rendezvous. Da ist Aufregung, vielleicht auch etwas Unglaube, aber ganz viel freudige Erwartung. Wenn wir es mit einem Hausbau vergleichen, dann ist es das Schloss, von dem wir träumen. Wichtig bei der Vision ist das Gefühl dabei. Es könnte mit einer Gänsehaut verbunden sein, vielleicht auch mit etwas Angst. Vielleicht ist das sogar sehr wahrscheinlich bei vielen Menschen der Fall. Denn die meisten, mit denen ich so gesprochen habe, mögen sich gar nicht mit ihrer Vision beschäftigen. Sie ist vollkommen, eine Kombination von Glück, Erfüllung, Sicherheit, Bedeutsamkeit, Wachstum, Liebe, Verbindung und Spiritualität. Die meisten Menschen denken, dass so etwas nicht möglich ist und dass man das nie erreichen kann. Was wäre, wenn das doch möglich wäre?
Aber wir können es erst einmal so stehen lassen. Wenn du dich also schon traust, hinzusehen und dir deine Vision vor Augen zu halten, ist das schon ein guter Start. Woran erkennst du, ob du bei deiner Vision bist? Eine Vision oder ein intergalaktisches Lebensziel – wie ich es nenne – macht etwas mit dir. Es ist magisch. Wenn ich mir zum Beispiel jetzt sage „Ich möchte mal fünf Milliarden im Jahr verdienen“, dann kann ich das sagen, aber es passiert in mir nichts. Wenn ich aber sage „Ich möchte mal ein Trainingszentrum, in dem Menschen lernen, ihr Traumleben zu leben“, dann schwingt etwas in mir, dann

spüre ich dieses eigenartige Kribbeln. Ich habe noch keine Idee, wie das umzusetzen ist. Aber ich spüre, dass mich das nicht kalt lässt.
Ein Ziel ist etwas, was klar definiert, erreichbar und mit einer Zeit versehen ist. Ist die Vision die oberste Etage in einem Hochhaus, also das Penthouse, dann ist das Ziel ein Stockwerk. Und um dieses Ziel zu erreichen, haben wir dann noch die Stufen, viele kleine Zwischenziele. Soweit im Überblick.
Die Vision oder das intergalaktische Ziel verbindet die jetzige Situation mit den Zwischenzielen und Zielen. Sie beinhaltet alles. Das ist sehr wichtig. Wenn wir nämlich nur ein Ziel vor Augen haben, das wir zum Beispiel in fünf Jahren erreichen wollen, dann steht das so alleine da. Will ich in fünf Jahren eine Traumfigur haben, dann kann ich ja jetzt noch alles essen. Ist meine Vision jedoch, dass ich mich in meinem Körper zuhause fühle, dass ich voller Energie bin, mich gerne im Spiegel betrachte, dass ich gesund und beweglich bin, mich einfach unglaublich gut fühle, dann achte ich schon jetzt darauf, dass ich nicht mehr alles in diesen tollen Körper reinstopfe.
Eine weitere Unterscheidungsmöglichkeit von Vision und Ziel ist, dass die Vision aus dem Herzen und das Ziel aus dem Verstand kommt.
Bei der Vision dürfen wir träumen wie in unserer Kindheit. Wahrscheinlich wird sich der Verstand da manchmal einmischen: „Hör auf mit dem Quatsch! Das geht ja doch nicht.“ Oft sind das vielleicht sogar Sätze, die wir früher von unserem Umfeld zu hören bekommen haben, als wir noch träumen konnten. Wenn wir in uns reinfühlen, fühlen wir ganz deutlich die schwärmerischen Ideen aus dem Herz und die logischen Argumente aus dem Verstand.

Jetzt wollen wir uns also erst auf unser intergalaktisches Ziel (also das, was aus dem Herzen kommt) fokussieren. Wir brauchen zwei Annahmen dafür:

Annahme 1:
Der Mensch ist ein schöpferisches Wesen und kann alles erreichen.

Annahme 2:
Wir haben ein Leben lang Zeit dafür.

Auf diesen beiden Annahmen sollten wir jetzt unser intergalaktisches Lebensziel aufbauen.

- Wie sieht das aus?
- Wo möchte ich wohnen?
- Wie sieht mein Tagesablauf aus?
- Wieviel möchte ich verdienen?
- Wie ist meine Familie?
- Wie sind meine Freundschaften?
- Was ist die Erfüllung in meinem Leben?

Achtung: Das sind keine Fragen, die man sich stellen sollte, wenn man gerade so richtig deprimiert ist, wenn etwas schief gegangen ist und man vor einem Berg von Problemen steht. Dann sollte man sich zuerst in Rendezvous-Stimmung bringen. Vielleicht hilft tanzen, ein Spaziergang durch die Natur, ein Austausch mit Freunden über Erwartungen und Visionen, damit man sich zusammen hochzieht in diese freudige Erwartung.

So eine Vision ist ja auch nicht etwas, was man immer wieder neu macht. Man kann sie verfeinern oder auch mal umändern, aber mehr oder weniger ist das schon ein sehr einzigartiges Projekt. Daher bietet sich es auch an, das im Urlaub zu machen, an einem ganz besonderen Ort, zum Beispiel am Meer oder auf einem Berg oder in der Wüste.

Ich war mal in der Wüste und mir sind ohne Grund einfach so die Tränen gelaufen, so schön fand ich es da, diese Einfachheit und Klarheit. Das wäre so ein Moment, um sich Gedanken über die Vision zu machen. So hat mit Sicherheit jeder seine Orte oder Momente, die dazu passend sind. Es lohnt sich zur Visionserstellung wirklich, einen ganz besonderen Moment und/oder Ort herauszusuchen oder eben abzuwarten, bis ein solcher Moment gekommen ist. Dann wird die Vision besonders stark.

Heutzutage wird es immer wichtiger, dass wir auch die Gesellschaft und die Umwelt in unsere Vision mit einbeziehen. Auch da dürfen wir träumen und uns überlegen, was unser Beitrag zum Erreichen dieser Vision werden könnte.

Es ist eine sehr sinnvolle Übung, dass man sich – wenn die Vision erst einmal erstellt ist – jeden Tag zehn Minuten oder eine halbe Stunde Zeit nimmt, um diese Vision immer weiter zu verfeinern. Man darf sie im Gedanken immer genauer darstellen, bis wirklich jedes Detail geklärt ist. Das sollte man so lange machen, bis man sich richtig auf das tägliche Treffen mit seiner Vision freut.

Die Vision sollte ja unser Fixstern sein, dem wir folgen. Sie sollte der Magnet sein, der uns auch immer noch anzieht, wenn es vielleicht mal Schwierigkeiten gibt. Die Vision sollte uns so wertvoll sein, dass wir ihr auch immer wieder Zeit einräumen in unserem vollen Terminkalender. Denn die einfachste Art, Zeit zu haben, ist, sie sich zu nehmen. Ist einem etwas wirklich wichtig, dann nimmt man sich die Zeit. Dafür brauchen wir die Vision.

Im Training sieht man das auch immer wieder: Da überlegt sich jemand mal so nebenbei ein Trainingsziel, macht sich ans Training und wenn die ersten Schwierigkeiten auftauchen, wird das Ziel aufgegeben. „Dann trainiere ich eben keine „Rolle“, ein „Platz“ reicht ja auch schon.“

Die Schwierigkeiten, die uns im Leben begegnen können, sind ja in der Regel viel größer als die im Training. Deswegen brauchen wir auch eine sehr gut ziehende Vision, die uns motiviert, unsere gesetzten Ziele zu erreichen!

Abraham Lincoln sagte: „Die beste Art, die Zukunft vorherzusagen, ist, sie selbst zu kreieren.“

Zur Zieldefinition ist es sinnvoll, sich immer mal wieder hinzusetzen und zu überlegen, wie das ideale Leben denn aussehen soll.

Wie soll das ideale Leben aussehen in Bezug auf die Arbeit, auf die Familie, auf Freunde, auf die eigene Fitness, auf seine eigene Fortbildung und so weiter.

Am besten legt man sich dafür eine Art Tagebuch oder Visionboard an, worin man das formuliert oder darstellt. Außer in Bezug auf das Thema kann man sich diese Ziele auch noch in Bezug auf Tage, Wochen, Monate, Quartale und Jahre unterteilen.

Was heißt das? Manche Sachen sehen über eine Woche gesehen anders aus als über einen Tag gesehen. Überlege ich mir zum Beispiel meine Pausen an einem perfekten Tag, dann könnte ich vielleicht alle anderthalb Stunden eine halbe Stunde Pause einplanen. Wenn ich das für eine Woche betrachte, dann möchte ich mir vielleicht zwei Tage in einem perfekten Leben als Pause gönnen. Über einen Monat gesehen hätte ich vielleicht gerne mal vier Tage am Stück Pause, um wirklich abzuschalten.

Vier Tage Pause machen natürlich an einem Tag betrachtet keinen Sinn, aber für einen ganzen Monat schon.

So sieht man schön, dass sich die Ziele je nach Zeitraum verändern können. Es lohnt sich also, die unterschiedlichen Zeiträume getrennt voneinander zu betrachten.

Der Ausgangspunkt

Hat man dann im Training das Ziel definiert, ist es wichtig, den Ausgangspunkt zu evaluieren. Was kann das Tier schon? Was haben wir für Möglichkeiten? Welche Fähigkeiten hat der Trainer?

Auch im Leben spielt dieser Ausgangspunkt eine Rolle. Wo stehe ich gerade? Was habe ich schon erreicht? Was sind meine Fähigkeiten?

Hier bietet es sich an, drei Listen zu schreiben: Auf die erste Liste kommt alles, was schon intergalaktisch ist. Auf der nächsten Liste wird alles notiert, was so einigermaßen passt und auf Liste Nummer drei kommt, was eigentlich gar nicht geht.

Das hat den Vorteil, dass man sich über seinen Ausgangspunkt sehr klar wird. Vielleicht ist diese Bestandsaufnahme auch etwas deprimierend, weil das meiste auf Liste drei steht. Vielleicht steht ja aber auch schon sehr viel auf Liste zwei oder gar einiges auf Liste eins.

Diese Punkte werden wichtig, wenn wir unseren Lebensplan angehen. Man sollte sich also Zeit nehmen für diese Übung.

> *Die Vision sollte unser Fixstern sein, dem wir folgen.*

Der Plan

„Erfolg beginnt damit, deine Gedanken zu meistern. Wenn du nicht kontrollierst, was du denkst, kannst du auch nicht kontrollieren, was du tust.“

Napoleon Hill

Jetzt haben wir den Ausgangspunkt und wir haben das Ziel. Das Navigationssystem könnte jetzt die Route berechnen. Der Trainer kann sich jetzt Trainingsschritte von A nach Z überlegen, wie er ausgehend vom Ausgangspunkt sein Ziel erreichen will.

Auch im Lebensplan kommen jetzt die Schritte. Wir können es auch so formulieren, dass das die Teilschritte sind, die uns helfen, unsere Vision zu erreichen. Das sind die Stufen, die uns auf die höheren Etagen führen, wenn wir unsere Vision als oberstes Stockwerk im Hochhaus sehen.

Bei den Tieren sagen wir immer, dass ein Trainingsschritt so klein sein sollte, dass das Tier auf alle Fälle Erfolg haben kann beziehungsweise dass es erst gar nicht merkt, dass es trainiert wird. Das trifft auf uns selber natürlich auch zu.

Klitzekleine Trainingsschritte heißt für uns im Leben klitzekleine Zwischenziele.

Wenn ich zum Beispiel ein Buch schreiben will, könnte ein Ziel sein: eine Seite pro Tag. Das ist nicht viel, aber in einem Jahr kommt ganz schön viel zusammen. Wenn ich Ordnung schaffen will, könnte ein Ziel sein: einen Quadratmeter pro Tag. Auch dann schafft man mit der Zeit eine ganze Menge.

Man könnte sich auch Zeiten festlegen, indem man etwa sagt 15 Minuten pro Tag oder eine Stunde pro Tag, je nach Situation. Zieht man das dann wirklich durch, ist es wirklich erstaunlich, was man mit der Zeit erreicht. Das Schöne daran ist, dass die vielen kleinen Erfolge auch sehr motivierend sind und glücklich machen. Jedes kleines erreichte Zwischenziel ist ein Grund zum Feiern.

„Erfolg beginnt damit, d

Wir kommen später noch genauer auf den Lebensplan zurück. Denn der Trainingsplan mit den vielen möglichen Trainingsschritten ist für die meisten Trainer auch eine Herausforderung im Training. Er ist sozusagen etwas für die Fortgeschrittenen.
Das ist mit dem Lebensplan nicht anders. Deshalb gibt es erst noch andere Fähigkeiten zu lernen, bevor wir da weiter in die Tiefe gehen können.

Die Feedbackschleife

Es ist sehr sinnvoll, wenn wir eine Möglichkeit haben, immer mal wieder zu überprüfen, wie es um unseren Plan bestellt ist. Dazu haben wir die Feedbackschleife.
Wir haben also den Ausgangspunkt und entscheiden uns für einen Plan, wie wir ein Zwischenziel erreichen wollen. Von Zeit zu Zeit sollten wir einplanen, zu überprüfen, ob wir noch im Plan liegen. Habe ich mir also als Beispiel vorgenommen, in einem halben Jahr ein Buch zu schreiben, dann sollte in einem Monat ein Sechstel des Buches fertig sein. Ist das der Fall, ist alles in Ordnung. Das ist dann meine neue Ausgangssituation und der Plan kann noch so stehen bleiben.
Habe ich jedoch vielleicht noch gar nicht mit dem Schreiben angefangen, ist das die neue Ausgangssituation. Dann muss ich den Plan anpassen, wenn das Ziel noch erreicht werden soll.
Je häufiger man eine solche Kontrolle einplant, desto schneller wird man eine Abweichung vom Plan bemerken und darauf reagieren können.
Die Häufigkeit, mit der ich überprüfe, hängt natürlich von der Aufgabe und der Zeitdauer ab, die ich eingeplant habe. Bei langfristigen Sachen kann das ein

Gedanken zu meistern."

Mal im Monat sein. Bei anderen Dingen kann es auch täglich sein. Habe ich mir zum Beispiel für jeden Tag einen Quadratmeter Aufräumen einer Rumpelkammer vorgenommen, dann kann ich jeden Tag überprüfen, ob ich das geschafft habe. Merke ich dann, dass ich drei Tage lang nichts gemacht habe, wäre es schon nötig, vier Quadratmeter zu schaffen, um noch im Plan zu liegen. Je nach Ausmaß der Rumpelkammer wäre das Überforderung. Also ist der Plan anzupassen. Wenn etwas anderes dazwischenkam und mich dem einen Quadratmeter abgehalten hat, kann ich das ursprüngliche Vorhaben einfach wieder aufgreifen. Vielleicht habe ich die Aufgabe aber nicht durchgeführt, weil der eine Quadratmeter schon Überforderung war. Dann sollte ich die Schritte auf einen halben Quadratmeter anpassen. Auch in Schritten von einem halben Quadratmeter bekommt man eine Rumpelkammer mit der Zeit ordentlich. Das ist auf jeden Fall besser, als nichts zu tun.

Ein anderer Plan könnte sein, sich Hilfe zu organisieren. Vielleicht tut man sich mit einigen Gleichgesinnten zusammen und hilft sich gegenseitig. Es gibt immer viele Möglichkeiten.

Im Training sagen wir immer: „Es gibt 1000 Möglichkeiten, ein Verhalten zu trainieren. 500 davon sind tierschutzrelevant. Dann bleiben immer noch 500 übrig.“

Für uns im Leben würde das heißen, dass es immer einen Weg gibt, der für alle Beteiligten der beste ist.

3.

Im Hier und Jetzt sein

»Man schafft niemals Veränderung, indem man das Bestehende bekämpft. Um etwas zu verändern, baut man Modelle, die das Alte überflüssig machen.«

Richard Buckminster Fuller

Im Training muss man wirklich da sein! Man sollte mit der Aufmerksamkeit bei seinem Tier sein. Sollte. Denn auch im Training ist das gar nicht so einfach. Was heißt es, überhaupt da zu sein? Wir nennen das den weichen Fokus. Wenn man im weichen Fokus ist, nimmt man sein Tier als Ganzes wahr, also nicht nur seine Bewegungen, sondern auch zum Beispiel seinen Gesichtsausdruck, seine Atmung und wie es ihm geht. Man nimmt aber auch die Umgebung wahr. Was passiert da gerade? Läuft am Horizont eine Katze vorbei? Aus welcher Richtung kommt der Wind? Gibt es ungewohnte Geräusche? Nähert sich ein anderer Hund? Alles ist wichtig, denn je nachdem, was in der Umgebung passiert, muss ich ja mein Training anpassen.

Aber das ist noch nicht alles: Zum weichen Fokus gehört auch noch, dass ich spüre, wie es mir geht. Wie ist meine Körperhaltung? Wie stehe ich? Wo sind meine Hände? Wie ist mein Atem? Wie geht es mir überhaupt? Spüre ich irgendwo Verspannungen?

Es wird also deutlich, dass es eine ganze Menge ist, was man im weichen Fokus alles wahrnehmen kann. Im weichen Fokus ist man also mit seiner Wahrnehmung so allumfassend wie möglich, was natürlich Übungssache ist.

Im Gegensatz dazu steht der harte Fokus. Dabei bin ich voll konzentriert auf eine Sache. Alles andere wird ausgeblendet, so, als hätten wir Scheuklappen auf. Das ist leider der Normalzustand bei Trainern. Das Problem daran ist, dass einem verständlicherweise ganz viele Informationen dadurch verloren gehen, weil man sie nicht wahrnimmt. So haben wir in den Hühnermodulen zum Beispiel eine Aufgabe, in der das Huhn in eine bestimmte Richtung laufen soll. Dafür muss man also als Trainer die Füße im Blick haben, aber auch den Kopf, um zu erkennen, in welche Richtung das Huhn läuft. Das ist schon eine riesige Herausforderung. Dabei ist ein Huhn ja noch sehr überschaubar. Bei einem Hund oder gar einem Pferd ist es schon viel schwieriger, das ganze Tier im Blick zu haben. Und dabei sprechen wir ja erstmal nur vom Tier. Die Umgebung und das eigene Fühlen sind dabei ja noch ganz außen vor. Dazu passt der Spruch, vor lauter Bäumen den Wald nicht mehr zu sehen. Im harten Fokus sehen wir einen Baum, im weichen den Wald. Im harten Fokus beachte ich ganz viele Informationen aus der Umgebung nicht.

Das führt zu ganz vielen Missverständnissen im Training. Ist der Hundehalter zum Beispiel angespannt, weil er einen stressigen Tag hatte und möchte seinem Hund erklären, dass der sich bitte entspannen sollte, wird das nicht funktionieren. Denn Hunde lesen nun mal unsere Körpersprache sehr genau und nehmen diese immer als erste Informationsquelle. Bin ich also mit dem ganzen Fokus nur beim Hund und achte nicht auf mein eigenes Innenleben, wird es zu Missverständnissen kommen.

> *„Im harten Fokus sehen wir einen Baum, im weichen den Wald."*

Im harten Fokus ist der ganze Schwerpunkt des Menschen nach vorne gerichtet und nicht im Gleichgewicht. Soll jetzt das Trainingsziel sein, dass der Hund ausbalancierter läuft, wird das wieder schwierig werden. Denn der Hund nimmt seinen Menschen gerne als Vorbild und macht eben einfach nach, was ihm gezeigt wird. Ist der Mensch also nach vorne gerichtet, weil das mit dem harten Fokus verbunden ist, gibt es wieder sehr widersprüchliche Informationen für den Hund, der sich im Zweifelsfall für das Nachahmen der Körpersprache des Menschen entscheidet. Ist der Mensch jedoch im weichen Fokus, bemerkt er, wenn er selbst im Ungleichgewicht ist oder den Atem anhält. Dann kann er sich selbst ins Gleichgewicht bringen, auf seinen hinteren Körper konzentrieren und entspannt atmen. Damit gibt er dem Hund so viele wichtige Informationen, dass „Training im Außen" fast überflüssig wird, weil auch da der Hund wieder den Menschen nachahmen wird.
Es ist also sinnvoll, sich als Trainer mehr und mehr im weichen Fokus zu üben. Denn es ist verständlich, dass man das üben muss. Die Wahrnehmung der vielen Einzelteile funktioniert eben nicht, indem wir uns auf alle einzelnen hart fokussieren. Wir dürfen eine ganz andere Wahrnehmung entwickeln.
Durch unser Bildungssystem wurde zum Teil über lange Zeit des Lebens der harte Fokus gefördert. Aber auch Fernsehen oder Social Media unterstützen das. Immer, wenn wir alles andere um uns herum ausblenden und nicht mehr wahrnehmen, weil wir uns auf eine Sache konzentrieren, sind wir im harten

Fokus. Wir leben nicht mehr in der Wildnis, wo man ohne den weichen Fokus gar nicht überleben könnte.
Aber das Schöne ist, dass wir es wieder lernen können. Wir können uns immer mehr darin üben, den Blick weich zu machen und immer mehr wahrzunehmen. Wir können auch immer mehr den Hund und auch uns selbst spüren lernen. Das hat den Vorteil, dass das uns ganz viel Training mit dem Hund erspart. Denn er wird dann unser ganzes Sein als Vorbild nutzen. Wir helfen auch dem Hund damit, mehr in seine Balance und sein inneres Gleichgewicht zu kommen. Das ist so bereichernd! Denn dann sind es nicht mehr nur „Tricks", an denen man arbeitet, sondern man arbeitet mit jeder Aufgabe an Wohlbefinden und besserer Verständigung. (Das gilt natürlich auch für die Arbeit mit Pferden oder allen anderen Tierarten.)

Was bringen uns dieser weiche Fokus oder das Sein im Hier und Jetzt für unser eigenes Leben?

Ich wäre fast dazu geneigt, zu schreiben: Alles! Wie gesagt, wir leben nicht mehr in der Wildnis. Also ist das Erkennen von Raubtieren im Gebüsch kein Vorteil. Wenn ich aber in jedem Moment fühle, wie es mir geht, wenn ich spüre, wenn sich irgendetwas in mir verspannt, bekomme ich damit eine wichtige Information, der ich sofort auf den Grund gehen kann. Was passiert denn hier gerade? Warum fühle ich mich auf einmal nicht mehr wohl? Was zeigt mir mein Körper damit schon, was in meinem bewussten Verstand noch gar nicht angekommen ist? Es ist dann fast so, als hätte man seinen ganz persönlichen Berater und Mentor immer mit dabei.
Augenblicke, von dem, was ich hier beschreibe, kennt wohl jeder. Da passiert irgendetwas und man sagt: „Ach, hätte ich doch auf meine innere Stimme gehört!" Denn irgendwie hat man schon geahnt, dass etwas kommen würde. Dadurch, dass wir in unserer stressigen Welt aber immer im harten Fokus rumlaufen, werden solche Informationen eben oft nicht wahrgenommen oder eben nur ganz leise. Je mehr man sich darin übt, desto lauter kann man den Kanal sozusagen einstellen.
Was gehört zum Üben? Es gehört dazu, dass man sich immer wieder daran erinnert, im Hier und Jetzt zu sein. Man nimmt seinen Körper wahr, seine Umgebung und zur Umgebung gehören zum Beispiel auch die Gedanken. Auf die Wahrnehmung kommt es an – ohne zu werten. Wir kommen in Kapitel 7 noch

auf die Wertung, zu der wir Menschen so gerne neigen. Also „nur" wahrnehmen. Das ist nicht einfach, aber wenn man sich regelmäßig daran erinnert, wird man zügig Fortschritte machen.
Und dann gehört auch dazu, dass man vertraut. Für mich war es ein großer Lernmoment, als ich mal wieder auf der Heimfahrt von einem Seminar im Zug saß. Da es schon spät war, saß ich im Bummelzug von Koblenz nach Wittlich, der wirklich an jeder Haltestelle anhielt. Ich bin diese Strecke schon so oft gefahren, auch in dem Bummelzug. Aber ich hatte das erste Mal den Gedanken „Ich könnte ja auch schon einen Bahnhof früher aussteigen und mich da abholen lassen". Das hätte nämlich von der Entfernung eigentlich keinen Unterschied gemacht. Aber es war eben ungewohnt. Und wie so oft bei uns, siegte auch da bei mir die Gewohnheit. Ich blieb also sitzen. Zwei Minuten nach Ausfahrt aus dem Bahnhof machte der Zug eine Vollbremsung. Wild auf den Gleisen. Ich kam eine ganz Stunde später zuhause an, und das, wo es sowieso schon mitten in der Nacht war.
Mir war noch nie im Leben dieser Gedanke gekommen und ich bin die Strecke wirklich schon oft gefahren. Da habe ich mir vorgenommen: Ich werde ab jetzt immer auf meine innere Stimme hören. Natürlich klappt das noch nicht immer, denn es spielen so viele Faktoren da mit ein. Aber immer öfter. Das wirkt sich dann auch wieder aufs Training aus. Da habe ich auf einmal Einfälle und folge denen und mache Dinge, die ich bis dahin noch nie gemacht habe und siehe da: Das Ergebnis ist erstaunlich.
Je mehr man gewohnt ist, mit diesem persönlichen Mentor und Berater zu arbeiten, umso gehaltener fühlt man sich im Leben.
Ein weiteres großes Feld, wo der weiche Fokus immens viele Vorteile bringt, sind die zwischenmenschlichen Beziehungen. Wenn ich in einer Interaktion mit einem anderen Menschen fühle und verstehe, was ich wahrnehme, ist das schon viel wert. Je mehr man sich übt, desto besser wird man auch den anderen wahrnehmen. Das kann dabei helfen, viele Missverständnisse zu vermeiden. Und vor allem schafft es eine ehrliche Grundlage.
Auch das wirkt sich dann wiederum positiv aufs Training aus. Denn auch da kann ich immer besser wahrnehmen, wie es dem Tier gerade geht. Training wird immer mehr zum Dialog.
Das ganze Leben wird immer mehr zum Dialog. Gerade in der heutigen Zeit der Veränderung ist das so wertvoll.

Das Sein im Hier und Jetzt ist in allen Traditionen, bei denen es um Persönlichkeitsentwicklung geht, ein ganz wichtiges Thema. Wir leben nur jetzt. Die Vergangenheit ist vorbei, die Zukunft ist noch nicht da. Der Zauber des Augenblicks ist jetzt. Das dürfen wir im Tiertraining immer wieder üben. Die Tiere bringen uns immer wieder ins Leben zurück – im wahrsten Sinne des Wortes. Die Auswirkungen sind, dass das Leben auf einmal viel leichter wird. Es wird immer leichter, sein Gedankenkarussell auszuschalten. Die Vergangenheit ist vorbei, da kann man sowieso nichts mehr dran ändern. Die Zukunft ist noch nicht da. Das heißt nicht, dass man keine Lehren aus der Vergangenheit ziehen kann. Das kann man durchaus. Und man kann sich auch für die Zukunft vorbereiten. Ist man gut im Hier und Jetzt, kann man das dann auch umsetzen.

Nehmen wir zuerst ein Beispiel aus dem Training:
Ich möchte, dass mein Hund sich bei Hundebegegnungen nicht mehr aufregt. Eine wichtige Maßnahme ist, dass ich selbst entspannt bleibe. Bin ich jetzt aber in Gedanken und nicht wirklich da, sehe ich vielleicht den anderen Hund etwas spät, zucke zusammen und habe die Leine schon wieder auf Spannung, was meinem Hund ganz klar vermittelt „Achtung, Gefahr!“ So wird es mal wieder eine sehr unschöne Begegnung, wobei ich mich vielleicht in Grund und Boden schäme. Die Lehre aus der Situation: Ich sollte den anderen Hund früher wahrnehmen, einige Entspannungstaktiken anwenden und mir vorstellen, wie wir ganz harmonisch die Hundebegegnung meistern.
Anstatt nun einerseits immer wieder zu grübeln „Ach, hätte ich doch ...“ und andererseits sich schon jetzt vor der nächsten Hundebegegnung zu fürchten, kann ich mich beim nächsten Spaziergang im weichen Fokus üben. Ich nehme den anderen Hund sehr früh wahr und nehme das zum Anlass, auf meine Atmung zu achten. Ich kann die Technik anwenden, doppelt so lange aus- wie einzuatmen. Ich spüre vielleicht, wo sich etwas in meinem Bauch zusammenzieht und kann ganz bewusst da gegensteuern. Da ich wirklich im Hier und Jetzt bin, habe ich auch keine Gedanken im Kopf, wie mein Hund wieder reagieren könnte, sondern ich bin einfach nur da. Ich kann mir auch eine Sicherheitskugel um mich und meinen Hund vorstellen. Ich achte darauf, dass meine Hand die Leine zwar gut hält für alle Fälle. Achtsam sein bedeutet schließlich nicht unachtsam und leichtsinnig zu sein. Aber schon ab dem Ellbogen achte ich darauf, dass alles locker ist. Der ganze Körper ist entspannt.

Durch all meine Vorkehrungen kann es jetzt sein, dass wir ohne Probleme am anderen Hund vorbeikommen. Es kann aber auch sein, dass mein Hund doch noch in die Leine springt. Vielleicht habe ich in meiner Achtsamkeit bemerkt, dass kurz zuvor der Gedanke „Gleich springt er los“ zu mir kam. Nach der Begegnung kann ich dann also meine Lehre aus der Situation ziehen und mir vornehmen, beim nächsten Mal noch besser auf meine Gedanken zu achten und sie ganz bewusst in die Richtung zu steuern, in die ich sie gerne haben möchte.

Ähnliches gilt fürs Leben ohne Tier. Vielleicht habe ich mir vorgenommen die Harmonie in der Familie zu erhöhen. Bin ich unachtsam, passiert wieder eine Situation – der Sohn kommt heim und schmeißt seine Sachen in die Ecke, ich ärgere mich, was ich dann auch zum Ausdruck bringe und mit der Harmonie ist es schon wieder dahin. Es könnten sich dann so Sätze in meinem Gehirn verselbstständigen, die sagen „Immer muss ich alles aufräumen“ oder „Der Junge ist ja so unordentlich. Vom wem er das wohl hat?“

Das sind natürlich Beispiele. Mit Achtsamkeit wird jeder seine Sätze finden, die ihm in dieser oder einer ähnlichen Situation in den Kopf kommen, die aber letztendlich dazu führen, dass sich nichts an der Situation ändert. Man kann auch sagen: Da ist die Macht der Gewohnheit am Werk.

Jetzt gehen wir mit Achtsamkeit und im Hier und Jetzt in die Situation: Gleich ist Zeit, dass der Sohn heimkommt. Ich scanne meinen Körper und meine Gedanken durch. Sind da Anspannungen oder falsche Gedanken? Wenn ja, lockere ich meinen Körper. Ich kann mir vorstellen, mein Sohn käme von einer langen Reise wieder. Denn dann bin ich freudiger Erwartung. Kommt er zur Tür herein, kommt ihm eine freudige Aufmerksamkeit entgegen. Vielleicht will er wieder seinen Ranzen in die Ecke schmeißen. Aber das stört mich nicht, sondern ich gehe hin und sage: „Lass mich dir den Ranzen abnehmen. Du hattest bestimmt einen anstrengenden Tag. Magst du erzählen, was es gab?“

So oder so ähnlich könnte es ablaufen. Auch da wird es nicht beim ersten Mal perfekt funktionieren. Aber ich kann bei mir bleiben, mich wahrnehmen und mein Verhalten ändern. Denn es geht immer um unser eigenes Verhalten, was wir ändern dürfen, wenn wir einen anderen ändern wollen. Aber auch da werden wir noch genauer drauf eingehen.

Im Hier und Jetzt zu sein ist nicht einfach. Aber man kann es immer mehr üben. Die Tiere sind darin so gute Lehrmeister. Kleine Kinder sind auch besonders gut darin, bei ihnen können wir uns immer eine Scheibe abschneiden.

Training ist ein wunderschönes Tor, um ins Hier und Jetzt zu kommen! Da können wir uns immer wieder üben. Was beobachte ich an meinem Tier, was an mir und was an der Umgebung? Die Beobachtungen können von Mal zu Mal feiner werden und ich damit von Mal zu Mal besser ins Hier und Jetzt kommen. Dazu kann ich einen Plan haben (siehe Kapitel 2) und in kleinen Schritten zu einer aktualisierten Version meiner selbst werden.

Das Tier von gestern

Wir haben im Training den Satz: „Trainiere nicht das Tier von gestern!" Auch der beinhaltet so viel Weisheit fürs wirkliche Leben, dass er es ins Buch schaffen musste.

Im Training beobachte ich sehr oft, dass die Trainer bestimmte Trainingsschritte tun oder Kriterien belohnen, die eigentlich gar nicht in die Situation passen. Frage ich dann „Warum hast du das getan?", dann fängt die Antwort oft an mit „Gestern hat er ..." Und dann ist meine Antwort: „Wir trainieren hier aber nicht das Tier von gestern.

Natürlich hat das auch etwas mit dem in Hier und Jetzt sein zu tun. Ist man wirklich im Hier und Jetzt und bestenfalls auch im weichen Fokus, dann erkennt man viel leichter, was im Training angesagt ist.

Aber so ist es ein spannendes Phänomen, wie sehr wir mit der Vergangenheit verbunden sind. Gestern hat mein Tier ... gemacht. Also muss ich heute aufpassen, dass das nicht wieder passiert. Je nachdem, was das war, muss man natürlich aufpassen. Man sollte nicht unachtsam sein. Wie sagt meine Kollegin Michaela immer so schön? „Achtsam, aber nicht alarmiert sein!"

Anstatt in der Vergangenheit festzuhängen, sollte man lieber in die Zukunft blicken und den Hund sehen, den man gerne haben möchte. Aber am besten macht man das in „Visionszeiten" und im Training ist man doch besser im Hier und Jetzt. Warum macht das so einen Unterschied?

Ich möchte dazu ein Beispiel aus unserem Hühnermodul erzählen. Falls du das nicht kennst: Da trainieren wir Menschen mit der Hilfe von Hühnern, bessere Trainer zu werden. Oder eigentlich kann ich sagen, die Hühner trainieren die Menschen, wir stellen nur das Setting zur Verfügung. Die Aufgabe war,

dass die Trainerin dem Huhn beibringen sollte, über den zwei Meter langen Tisch zu laufen. Aber das Huhn blieb vor ihr stehen. „Mein Huhn läuft nicht!" kam die Beschwerde. Für uns war unschwer zu erkennen, weshalb: Die Trainerin bewegte sich immer im falschen Moment. Außerdem war das Timing sehr schlecht, sodass sie unbeabsichtigt immer das Stehen belohnte. Jetzt war das aber auch der erste Tag im Seminar und wir fragten uns, ob es nicht wirklich sein könnte, dass das Huhn nicht gerne laufen wollte. Da wir zu der Zeit nur einfarbig weiße Hühner hatten, tauschten wir in der Pause die Hühner einfach heimlich aus. Wir fürchteten ein wenig, ertappt zu werden, weil Huhn Nr. 1 den Kamm nach links und Huhn Nr. 2 den Kamm nach rechts hatte. Das fiel der Trainerin aber zum Glück nicht auf. Sie gab sich weiter Mühe mit dem Huhn, änderte aber nicht wirklich ihr Verhalten. Das Ergebnis war, dass es nicht lange dauerte und auch dieses Huhn stand vor ihr und wollte sich nicht mehr bewegen. Schließlich war der erste Tag um und die Trainerin war noch kein bisschen weitergekommen. Noch einmal beschlossen wir, ihr unter die Arme zu greifen, um ihr ein Erfolgserlebnis zu ermöglichen. Am Abend nahm ich ein weiteres Huhn, stellte über eine kurze Trainingseinheit sicher, dass es auch lief, was es sehr gut machte. Wieder befürchteten wir, ertappt zu werden. Während die beiden anderen Hühner große, zu verschiedenen Seiten herunterhängende Kämme hatten, hatte Huhn Nr. 3 fast gar keinen Kamm.
Am nächsten Morgen waren Michaela und ich voller Spannung, ob unser kleiner Schwindel auffliegen würde. Tat er aber nicht. Zu sehr war die Trainerin in ihrem Frust gefangen, dass sie es jetzt wieder mit dem Huhn zu tun hätte, was ja einfach nicht laufen wollte. Wir waren sehr gespannt, was passieren würde, wenn das Huhn an die Reihe kam. Sie rief uns auch sofort wieder an den Tisch: „Jetzt guckt mal: Ich zeige euch mal, wie mein Huhn einfach nicht laufen will!" Sie setzte das Huhn ab, und siehe da: es blieb stehen. Ihr Bild von dem stehenden Huhn war so stark in ihrem Kopf, dass selbst das zuvor perfekt laufende Huhn einfach stehenblieb. Da klärten wir unsere Schummelei auf, um ihr damit auch deutlich zu machen, dass es nicht am Huhn lag. Das war ein perfektes Beispiel dafür, „das Tier von gestern" zu trainieren. Wir erlauben damit sozusagen keine Weiterentwicklung. Denn mit denselben Gedanken zeigen wir dasselbe Verhalten, was dazu führt, dass das Tier dasselbe Verhalten zeigt. „Willst du das Verhalten deines Tieres ändern, musst du dein eigenes Verhalten ändern", hat uns unser Freund und Mentor Bob Bailey immer eingebläut. Was heißt das jetzt im wirklichen Leben?

Auch da trainieren wir im übertragenen Sinn viel zu oft das Tier von gestern.

„Ach, das klappt ja bei mir doch nie."

„Bei mir muss auch immer alles schief gehen."

„Immer dasselbe!"

„Natürlich musste mir das wieder passieren."

All das sind Aussagen, die dafür typisch sind. Auch, wenn man etwas zehn Mal nicht geschafft hat, kann es doch beim elften Mal kappen! Wie oft fällt ein kleines Kind hin und versucht immer wieder aufzustehen? Es hängt nicht am Gestern fest, sondern lebt voll in der Möglichkeit. Würde es nach dem fünfzigsten Hinfallen aufgeben und sagen „Das klappt ja doch nie!", hätten wir eine Welt voller Auf-dem-Boden-Sitzer. Die meisten Menschen, die Großes erreicht haben, habe Hunderte Versuche gebraucht. Sie waren aber so überzeugt von ihrer Idee, dass sie sich nicht von Misserfolgen entmutigen lassen haben. Wir dürfen also lernen, unsere Vergangenheit loszulassen. Was gestern war, war gestern. Natürlich können wir unsere Erfahrungen daraus ziehen. Wir dürfen davon lernen. Es war – glaube ich – der Erfinder der Glühbirne, der gesagt haben soll: „Die zehntausend Versuche, die nicht geklappt haben, haben mir eben gezeigt, wie es nicht geht."

Oder es heißt ja auch so schön: „Hinfallen, aufstehen, Krönchen richten und weiter."

Das Loslassen ist ein wichtiger Entwicklungsschritt im Leben. Es bringt nie etwas, das Tier von gestern zu trainieren. Denn heute ist ein neuer Tag.

„Es bringt nie etwas, das Tier von gestern zu trainieren. Denn heute ist ein neuer Tag."

Mit den Gedanken von gestern bleibt alles beim Alten. Dann lebe ich auch das Leben von gestern. Es ist, als würde jemand sein Leben malen und dabei immer wie-

der eine Kopie vom gestrigen Bild erstellen. Dabei ist das Leben voller Möglichkeiten. Male ich also mit Blick in die Zukunft, kann ein völlig neues Bild entstehen. Dafür darf ich dann aber auch neue Gedanken denken.
Und jetzt kommt der Denkfehler im wahrsten Sinne des Wortes: Die meisten machen ihr Denken abhängig von der jetzigen Situation. Und sie haben noch nicht die Macht der Gedanken kennengelernt.

Etiketten

Etiketten sind auch so ein spannendes Thema, das in eine ähnliche Richtung geht, wie das Tier von gestern zu trainieren. Sie sind nur scheinbar noch unabänderlicher.
Haben wir ein Hundeseminar, gibt es immer zuerst eine Vorstellungsrunde. Dabei soll jeder ein oder zwei Sätze zu sich und zu seinem Hund sagen. Wie oft habe ich da schon Sätze gehört wie „Mein Hund ist ängstlich." oder „Mein Hund hat Probleme mit anderen Hunden."
Meist unterbreche ich dann die Sprecher sofort und bitte sie, den Satz umzuformulieren. „Bis gestern dachte ich, mein Hund sei ängstlich." oder „Ich habe meinem Hund bis heute gut beigebracht, auf andere Hunde zu reagieren." Die erste Version („Bis gestern dachte ich, mein Hund sei ängstlich") fällt den Menschen nicht schwer. Das können sie einfach nachsprechen. Die zweite Version („Ich habe meinem Hund bis heute gut beigebracht, ...) stößt da schon auf mehr Widerstand.
Erstmal hier kurz zur zweiten Version: Wie wir in dem Kapitel „You've got the power" schon gesehen haben, haben wir eine Menge Macht, wenn wir verstehen, dass wir uns unser Leben selbst erschaffen. Wenn wir also verstanden haben, dass wir wirklich das Verhalten des Hundes verursachen, haben wir die besten Voraussetzungen, das zu ändern. Denn unser eigenes Verhalten sollten wir ändern können. Wir sind dann also den Gegebenheiten nicht so ausgeliefert.
Hier geht es erst einmal um die erste Version, wie ich die Leute bitte, ihren Satz umzuformulieren. Wenn ich sage „Mein Hund ist ängstlich", dann hänge ich ihm ein Etikett um, das fortan mein Verhalten ihm gegenüber beeinflusst

und in Stein meißelt. Das glaubst du nicht? Dann gucke, ob du im Bekanntenkreis Menschen mit ängstlichen Hunden hast und beobachte das. Obwohl sie ihrem Hund ja immer helfen wollen und er ihnen leidtut, weil er ja so ängstlich ist, wird er es auch im nächsten Jahr noch sein. Ich habe mal den schönen Spruch gehört: „Nur wer ängstlich ist, kann auch mutig sein!". Denn wenn einer sowieso keine Angst hat, muss er sich ja nicht zu irgendwas überwinden, also kann man auch nicht von Mutigsein reden. Das ist mein Leitspruch. Man kann also allen ängstlichen Hunden helfen, mutig zu sein, wenn man es a) wirklich will und b) die entsprechenden Schritte dazu unternimmt.

Einmal hatten wir so ein beeindruckendes Beispiel mit einem Hundehalter, der seinen Hund als ängstlich vorgestellt hatte. Unter seinem Stuhl lag in der Tat ein kleines Häufchen Elend, das am ganzen Körper zitterte. Ich fragte ihn, ob er das nicht ändern oder ob er dieses Etikett für immer am Hund hängen lassen wollte. Er wollte versuchen, das Etikett abzunehmen. Seine Aufgabe war es, dem Hund ein neues, aber hilfreicheres Etikett zu verpassen, nämlich „Mein Hund ist mutig!" Dann sollte er auf solche Hinweise achten und das Verhalten des Hundes entsprechend belohnen. Der für ihn schwerere Part war, dass er seinen Hund nicht mehr wie einen ängstlichen Hund behandeln sollte. Er sollte also sein Verhalten ändern. Das ist gar nicht so einfach, denn vieles davon läuft im Unterbewusstsein. Darauf jeweils hingewiesen, fiel es ihm erst mal auf, wie oft er seinen Hund wie einen ängstlichen Hund behandelte und vor allem, wie er durch seine Unsicherheit die Unsicherheit des Hundes noch förderte. Hat man einen ängstlichen Hund, kann man ihm am meisten helfen, wenn man selber sehr viel Sicherheit entwickelt. Schließlich braucht der Hund jemanden, an dem er sich orientieren kann. Nach einer Woche war der Hund wie verändert: Er konnte mit anderen Hunden spielen und entspannt unterm Stuhl schlafen. Natürlich gab es auch immer noch Situationen, in denen er unsicher reagierte. Aber wenn man das schon so lange geübt hatte, ist das ja auch verständlich.

Die Moral von der Geschichte: Nehmt die Etiketten von euren Hunden ab. Oder sagen wir es mal so: die nicht hilfreichen Etiketten. Hänge ich einem angeblich ängstlichen Hund das Etikett „Ich werde von Tag zu Tag mutiger" an, dann kann es sehr hilfreich sein. Aber das ist eine Krücke. Noch besser ist es, Etiketten ganz verschwinden zu lassen, denn dann kommt man in den Raum der 1001 Möglichkeiten, wie ich das nenne. Ohne Etiketten ist nämlich alles möglich und dann können Wunder passieren.

Achtung, dass das nicht falsch verstanden wird! Das heißt nicht, dass man die Angst seines Hundes einfach ignoriert und tut, als ob nichts wäre! Dann passiert, was ich auch oft beobachte, dass ein Hund, der deutlich zeigt, dass er Angst hat, durch eine Menschenmasse geschleift wird oder ihm andere Situationen zugemutet werden, denen er nicht gewachsen ist. Hier spielt wieder der weiche Fokus eine Rolle. Man sollte die Gefühle seines Hundes wahrnehmen, sich selbst durchscannen, wie weit man da mitschwingt und dem Hund dann über sein eigenes Verhalten, indem man sozusagen ein gutes Vorbild ist, helfen, sein Verhalten zu ändern.

Wie sieht es jetzt im wirklichen Leben aus? Ich habe immer den Eindruck, dass Menschen ohne Etiketten gar nicht sein können. Wenn wir zum Beispiel Katzen- oder Hundebabys haben, dann passiert es eigentlich immer, dass ein Besuch schon nach ganz kurzer Zeit sagt: „Das ist aber die Frechste" oder „Das ist ein kleiner Draufgänger." Schwupp: Schon hängt das Etikett. Ich sehe die Tierbabys dann schon mehrere Wochen und könnte das nicht sagen, weil sich das ja auch von Situation zu Situation ändert. Aber jeder noch so kurze Besuch kann das sofort einschätzen beziehungsweise legt es sofort fest.

Und so geht es ja in allen Lebensbereichen: Wir hängen an Menschen Etiketten und an Situationen und berauben uns damit der 1001 Möglichkeiten. Das Etikett übertüncht dann, was wirklich ist. Man braucht auch gar nicht mehr achtsam zu sein und genau hinzufühlen. Denn man braucht ja nur auf das Etikett zu schauen. Ganz seltsam wird es, wenn wir Etiketten von anderen Menschen übernehmen. „Der neue Nachbar ist etwas seltsam. Der ist mit Vorsicht zu genießen." Da hängt also das Etikett schon dran, bevor wir den Menschen das erste Mal gesehen haben.

Ganz spannend und erkenntnisreich war für mich mal eine Situation, die ich in der Wüste bei den Beduinen erlebt habe. Ich fragte einen der Beduinen, welches denn für ihn der schönste Platz in der Wüste wäre. Er hat die Frage gar nicht verstanden. Und das war kein Sprachproblem, denn die Übersetzerin konnte das schon richtig übersetzen. Aber das Prinzip der Etiketten an Orte gab es da nicht. Wenn ich kein Etikett an einem Ort habe, kann ich auch nicht sagen, welches der schönste ist.

Das war für mich eine ganz neue Sichtweise, machte aber aufgrund dessen, was ich bei den Hunden erlebt habe, eine ganze Menge Sinn. Seitdem achte ich noch mehr darauf, eventuelle Etiketten abzuhängen.

Ist man da mal etwas sensibilisiert, ist es erstaunlich, wie viele Etiketten wir vergeben. Kinder im Kindergarten und in der Schule bekommen Etiketten, Politiker, sonstige Promis und jeder, dem wir begegnen. Wenn es ein vorteilhaftes Etikett ist, mag es ja gehen. Aber selbst das schränkt ein. Das Schöne ist, wenn man im Hier und Jetzt ist, braucht man keine Etiketten, weil man dann jeden, so wie er in diesem Moment ist, wahrnehmen kann.

> *Das Schöne ist, wenn man im Hier und Jetzt ist, braucht man keine Etiketten, weil man dann jeden, so wie er in diesem Moment ist, wahrnehmen kann.*

Ein anderer wichtiger Punkt sind auch Etiketten für uns selbst. Auch da gilt: Wenn sie wenigstens vorteilhaft wären ...! Aber dann sind es eher Sachen wie „Ich bin zu blöd dazu“, „Das lerne ich nie“, „Ich sehe nicht gut aus“, „Ich kann nun mal nicht zeichnen“ und so weiter. Jeder kann die Liste bestimmt ergänzen.

Schaut man genau hin, stimmt das ja nicht. Jeder kann (fast) alles lernen, wenn er die richtigen Menschen hat, die ihm das beibringen. Und jeder hat auch Dinge, in denen er sehr gut drin. Da kann vielleicht einer die weltbesten Smoothies machen, nach denen man sich immer die Finger ableckt, aber da hängt dann kein großes Etikett dran. Ein anderer ist Meister darin, sein Auto so sauber zu halten, dass es nach fünf Jahren noch wie neu aussieht. Auch diese Liste könnte man für jeden Menschen mit vielen Kleinigkeiten ergänzen. Aber das wird seltsamerweise nie ernst genommen. Wenn, dann dürfte doch wenigstens das gleiche Recht für alle gelten. Wenn ich schon meine Unfähigkeiten gerne so herausstelle, dann müsste das für die Fähigkeiten erst recht gelten. Warum stellen wir nicht gerne heraus, was wir gut können? Ist doch seltsam, oder?

Außerdem ist es sowieso ein seltsames Prinzip, dass wir schon in der Schule die Fächer in den Fokus stellen, in denen wir nicht so gut sind. Da gibt es dann vielleicht sogar Nachhilfe und das Kind darf extra viel Zeit mit einem Thema verbringen, das ihm eigentlich gar nicht liegt. Anstatt, dass es sich mit dem beschäftigen dürfte, was ihm Spaß macht! Bei den Hunden versuchen wir ja auch, deren Stärken herauszufinden und die dann auszubauen. Dann haben Hund und Mensch Spaß. Kaum ein Hundehalter würde auf die Idee kommen, die größten Schwächen seines Hundes nehmen zu wollen und sich einen Hundesport auszusuchen, um genau daran zu arbeiten. Dann würde man einen gemütlichen und trägen Hund beim Agility anmelden, um ihn flotter zu machen. Auf die Idee kommen nur die wenigsten.

Es ist schon schlimm genug, dass Verhalten des Hundes, die sich für den Halter als wirklich problematisch herausstellen so viel Aufmerksamkeit bekommen.

Ohne Etiketten eröffnen sich viel mehr Möglichkeiten. Das Leben wird viel reicher. Außerdem kann man sein Gegenüber immer wieder neu und damit tiefer kennen lernen. Schließlich verändern wir uns auch. Aber das wird mit den Etiketten, die man sich selbst oder die andere einem geben, echt schon eine Herausforderung.

Hat zum Beispiel jemand an sich selber das Etikett hängen, er sei schüchtern, er könne eben nicht vor Leuten reden, dann ist das etwas, was ihn vielleicht von Dingen abhält, die sehr viel Spaß machen und ihn seiner Vision viel schneller näher bringen würden. Aber auch dieses Etikett kann man abhängen. Und dann kann man an seinem Verhalten viel leichter etwas ändern.

Lassen wir uns und anderen also die Möglichkeit zur Änderung. Oder ich sage immer: Wir brauchen uns nicht zu ändern. Wir sind schon perfekt. Aber wir dürfen uns entwickeln, so wie sich ein Samenkorn zu einer wunderschönen Pflanze entwickelt.

Timing

Gutes Timing ist eine wichtige Eigenschaft eines guten Trainers. Was bedeutet das? Er muss ein Signal im richtigen Moment geben können. Außerdem muss er sehr wachsam sein, wann das Tier das erwünschte Verhalten zeigt. (Da sind wir wieder beim Im-Hier-und-Jetzt-sein.) Genau im richtigen Moment muss dann das Markersignal und/oder die Belohnung kommen. Man muss sich das vorstellen wie beim Fotografieren: Wenn ich ein bestimmtes Verhalten des Tieres „einfangen" will, dann muss ich im richtigen Moment auf den Auslöser drücken. Bin ich eine Sekunde zu spät, zeigt das Tier unter Umständen schon ein anderes Verhalten. In der Trainerausbildung ist das Training des Timings also ein ganz wichtiger Bestandteil. Es macht den Unterschied, ob ich ein Verhalten in Minuten oder in Wochen trainiere.

Was hat das jetzt mit dem Leben zu tun? Wenn wir nicht gerade einen Beruf haben, in dem Reaktionsgeschwindigkeit eine große Rolle spielt, dann scheinbar sehr wenig.

Aber dennoch hat alles im Leben seine Zeit. Wenn es da auch nicht auf Sekunden ankommt wie im Training, dann geht es aber doch darum, den richtigen Zeitpunkt zu finden.

Du kennst bestimmt die Situation: Es geht um eine bestimmte Entscheidung, die zu treffen ist. Dann stellst du dir die Frage „Soll ich das jetzt machen? Ja? Nein? Vielleicht? Vielleicht jetzt? Vielleicht später?" Und schon bist du wieder im berühmten Gedankenkarussell. Das raubt dir meist sehr viel Energie und helfen tut es ja auch nicht. Denn die Entscheidung wird dadurch nicht getroffen. Eine Möglichkeit ist, dass man einfach noch etwas abwartet, weil jetzt noch nicht der richtige Moment für diese Entscheidung da ist. Dabei ist es dann aber auch wichtig, dass man nicht mehr darüber nachdenkt. Man legt sich die Entscheidung also sozusagen auf Wiedervorlage und kann sie in der Zwischenzeit vergessen. Irgendwann kommt der richtige Moment für die Entscheidung oder die Situation regelt sich von alleine und man muss gar nichts entscheiden. Manche Dinge regeln sich natürlich nicht von alleine. Oder es ist nicht möglich, nicht darüber nachzudenken, weil die Gedanken immer wieder kommen und mit ihrem „Ja, nein, vielleicht" sehr viel Energie rauben. Dann muss eine Entscheidung getroffen werden. Das kann auch eine Entscheidung dahingehend sein, dass man lernt, seine Gedanken unter Kontrolle zu bekommen, wie wir es in unserem Kurs „Verhaltensänderung für Fortgeschrittene" unterrichten. Wir müssen uns nämlich nicht von unseren Gedanken terrorisieren lassen, sondern wir können ihnen beibringen, sinnvoll für uns zu arbeiten.

> *„Wir müssen uns nicht von unseren Gedanken terrorisieren lassen, sondern wir können ihnen beibringen, sinnvoll für uns zu arbeiten."*

Eine Variante ist es, sie mit sinnvollen Fragen zu beschäftigen. In dem Fall wären solche sinnvollen Fragen „Wie kann ich eine Entscheidung finden?" oder „Woran erkenne ich, wann der richtige Zeitpunkt für die Entscheidung gekommen ist?"

Ich hatte es schon oft so, wenn es darum ging, ob ein Tier eingeschläfert werden sollte. Wenn es an der Zeit ist, kann ich die Tiere gut gehen lassen. Sie haben ihr Leben gelebt und für mich ist der Tod nichts Schlimmes, sondern ein wichtiger Teil des Lebens. Daher musste auch in meinem Leben nur selten ein Tier eingeschläfert werden. Die meisten sind eines natürlichen Todes gestorben und sehr oft durfte ich dabei sein und sie beim Übergang begleiten. Das sind immer sehr heilige Momente. An eine Katze erinnere ich mich, Pünktchen, sie war alt, schwach und ich merkte, es ging zu Ende mit ihr. Solange ich noch überlegte, ob ich sie einschläfern lassen sollte oder nicht, war einfach der richtige Zeitpunkt noch nicht da. Und dann war er einmal da. Dann war es auch gar keine Frage mehr und es war ganz klar, dass dieses Mal die Entscheidung zum Einschläfern getroffen wurde. Der Tierarzt kam und auch das war ein heiliger Moment. Es war, als hätte Pünktchen darum gebeten und alles war in Ordnung.

Eine andere Hilfe bei Entscheidungen ist die Vorstellung, dass sowieso schon alles entschieden ist. Wir brauchen uns da gar nicht so wichtig zu nehmen und können einfach eine Entscheidung treffen.

Oder wir haben die Einstellung, dass sowieso alles im Leben ein Test ist (siehe S. 22). Wir dürfen Dinge ausprobieren und daraus lernen. Von daher kann man davon ausgehen, dass jede Entscheidung sowieso richtig ist in diesem Moment. Hier gilt wie so oft, dass wir lernen dürfen, in uns hineinzuspüren, ob eine Entscheidung Energie gibt oder raubt.

Oft befinden wir uns bei Entscheidungen in dem Dilemma, dass sich eben beide Optionen nicht gut anfühlen. In solchen Situationen ist es hilfreich, sich klarzumachen, dass es immer ganz viele Möglichkeiten gibt, die einem da weiterhelfen könnten. Die sehen wir nur oft – als hätten wir Scheuklappen – in diesen Situationen nicht. Da kann es auch hilfreich sein, sich mit anderen auszutauschen, die von außen eine ganz andere Sichtweise haben und leichter andere Möglichkeiten sehen. Oder man kann sich coachen lassen. Es gibt nämlich sehr spannende und hilfreiche Techniken, die da gut unterstützen können.

Timing spielt auch eine Rolle, wenn es darum geht, bestimmte unangenehme Dinge mit einem anderen Menschen zu besprechen. Auch da gibt es einen richtigen Moment, nämlich wenn du selbst nicht emotional bist und auch der andere nicht gerade durch einige Situationen des Tages schon gestresst ist. Dann kann es sein, dass aus so einem zunächst als sehr unangenehm empfundenen Gespräch eine sehr tiefe, bereichernde und letztendlich verbindende Unterhaltung wird. Außer dem Timing spielen da natürlich auch die Wortwahl und die Absicht dahinter eine große Rolle.

Die eigene Entwicklung ist ein weiteres Thema, in der das Timing eine Rolle spielt. Auch da gilt: Alles zu seiner Zeit. Man kann eben die Dinge nicht übers Knie brechen. Dem Hund lassen wir im Training ja auch die Zeit, die er braucht, um sich zu entwickeln. Auch da erwarten wir nicht alles auf einmal.

Wenn es aber um einen selbst geht, erlebe ich viele Menschen als sehr ungeduldig. Am liebsten wollen sie schon überall perfekt sein und sind entsprechend unzufrieden mit sich, wenn das noch nicht der Fall ist. „Ich bin nicht gut genug“, ist eine häufige Einstellung von vielen Menschen. Das ist so schade. Man kann ja überall gut darin werden, wo man möchte und wo man entsprechend Zeit hinein investiert. Das braucht aber seine Zeit und das ist kein Grund, dass man unzufrieden mit sich sein muss.

Also: Alles im Leben hat seine Zeit. Ich gehöre ja auch eher zu der ungeduldigen Sorte Mensch. Da hat mir ein Freund, der Förster ist, mit einer bemerkenswerten Aussage geholfen: „Warum säst du die Bäume nicht? Dann sind sie in zwanzig Jahren auch groß und sind viel gesünder als die gekauften.“

Wow, diese Denkweise hat mir regelrecht sie Sprache verschlagen! Ich dachte schon, ich hätte Geduld in der Landwirtschaft gelernt, weil man da ja manchmal schon bis zum nächsten Jahr warten muss, bevor man wieder etwas anbauen kann. Aber zwanzig Jahre?! Und für seine Verhältnisse ist ja auch das noch schnell. Er baut Wälder an, die dann in hundert Jahren groß sind. Es ist eben alles relativ.

Es gibt noch einen anderen Aspekt in Sachen Timing. Timing ist im Training das, was immer weiter verbessert werden kann. Das hört eigentlich nie auf. Und es macht so viel aus, ob man das tut oder nicht. Das Problem ist: Man muss es tun. Man muss wirklich üben, üben und nochmals üben. Da heißt es immer wieder, den inneren Schweinehund zu überwinden.
Ich sehe so viele Trainer, die immer Neues lernen wollen. Sie gehen von einem Seminar zum nächsten und je komplizierter etwas klingt, desto begeisterter sind sie, weil sie sich mit diesem Wissen als fortgeschrittener Trainer ansehen. Aber mit so einer grundlegenden Sache wie dem Timing geben sie sich nicht ab. Dabei ist es genau das Timing, was das Training immer weiter verbessern kann. Keine noch so ausgefeilte theoretische Information kann da mithalten. Es ist aber nicht sexy, sich einfach nur hinzustellen und schnell füttern zu üben oder sich mit anderen Aufgaben herauszufordern, sein Timing immer weiter zu verbessern. Das ist gefühlt unter Niveau.
Dabei ist es genau das: Man muss an seinen handwerklichen Fähigkeiten arbeiten. Das ist viel wichtiger als alles theoretische Wissen.

„Man muss an seinen handwerklichen Fähigkeiten arbeiten. Das ist viel wichtiger als alles theoretische Wissen."

Nicht nur, dass man dadurch sein Timing verbessert, was einen dann im Training weiterbringen kann, man lernt auch so viel über sich selbst. Denn das wird irgendwann mehr zu einer Arbeit im Inneren als im Außen. Es gilt, den inneren Schweinehund zu überwinden. Es gilt, sich immer wieder aufzuraffen. Es gilt durchzuhalten, auch wenn es schon wochenlang keinen im Außen sichtbaren Fortschritt mehr gab. Bei so einer einfachen Übung wie schnell in eine Schüssel „füttern" lernt man die ganze Bandbreite seiner Emotionen kennen. Es gibt Zeiten, da könnte man alles in die Ecke schmeißen. Dann gibt es wiederum welche, wo man vor Ärger fast platzen könnte. Manchmal ist man total begeistert, nur um dadurch seine Zahlen zu vermasseln, weil auch diese Begeisterung wieder die Geschwindigkeit stört. Diese einfache Übung ist eine geniale Möglichkeit, die bei den meisten Menschen weiße Landkarte der Gefühle auszumalen. So viele Gefühle durften wir oft im Leben nicht zeigen. Dann hieß es „Wein doch nicht“, wenn man traurig war oder „Mensch, ärgere dich nicht“, um nur zwei Beispiele zu nennen. Dir fallen bestimmt viele Beispiele aus deinem Leben ein. Bei dieser einfachen Übung lernt man seine Gefühle alle kennen.

Dann gilt es in sich hineinzuspüren:

- Wo sitzt das Gefühl im Körper?
- Welche Struktur hat es?
- Welche Form hat es?
- Welche Farbe hat es?
- Hat es vielleicht auch einen Geruch?

Diese Übung hat viele Vorteile. Zum einen lernt man sich selber immer besser kennen und seine Gefühle zu unterscheiden. Zum anderen dürfen alle Gefühle gesehen werden. Wir dürfen sie annehmen und als einen wertvollen Teil von uns schätzen lernen. Denn jedes Gefühl ist es wert, gesehen zu werden! Sie geben uns sehr oft wichtige Informationen aus unserem Unterbewusstsein. Wenn wir uns Gefühle verbieten und sie unterdrücken, verschwinden sie ja nicht einfach. Oft verstecken sie sich nur und zeigen sich auf andere Art und Weisen, manchmal sogar als Krankheiten.
Lernen wir sie jedoch annehmen und sogar lieben, dann können Wunder passieren. Und das alles kann mit so einer scheinbar einfachen Übung wie „schnelles Füttern“ passieren. Aber nur, wenn man es wirklich tut.
Man lernt dann, dass wirkliche Geschwindigkeit aus vollkommener Lockerheit entstehen kann. Man lernt einfach so viel über sich selber und auch übers Leben. Man lernt dadurch das, was in allen Weisheitslehren unterrichtet wird. Damit kann man wirklich über sich hinauswachsen. Es ist eben diese Arbeit im Inneren, die so hilfreich ist und die uns so viel weiterbringen kann als jedes zusätzliche Wissen im Außen.

Aber das ist eben auch die Herausforderung. Man sieht damit den nackten Tatsachen über sich selbst ins Gesicht. Und das ist nicht leicht. Da ist es schon sehr verlockend, sich von Seminar zu Seminar von sich selbst abzulenken und sich damit vorzugaukeln, dass man ja was für seine Weiterbildung als Trainer tut.

> *Es ist die Arbeit im Inneren, die so hilfreich ist und die uns so viel weiterbringen kann als jedes zusätzliche Wissen im Außen.*

Hier sehen wir wieder große Parallelen zum wirklichen Leben. Dieses Phänomen betrifft nämlich nicht nur Trainer. Für alle wäre die Arbeit am eigenen Inneren etwas für die Entwicklung sehr Förderliches. Aber dazu ist keine Zeit. Man hat ja scheinbar so viel Wichtigeres zu tun. Es ist unangenehm, sich eventuell seiner Wut zu stellen, seiner Scham, seinem Neid, seiner Ungeduld, und so weiter. Das vermeidet man viel zu gerne, indem man sich hinter seinen vielen Pflichten im Außen versteckt. Wirkliche Erfüllung findet man aber nur im Inneren. Kein Teil im Außen kann uns das ersetzen.
Eine andere Parallele ist das Nicht-ins-Tun-kommen. Auch das sieht man bei vielen. Da gibt es schöne Ideen, aber dann kommt wieder das berühmte „Ich bin nicht gut genug" und man liest noch ein Buch oder macht noch eine Ausbildung. Dabei ist es meistens das Tun, was einem die Erfahrung bringt und womit man viel schneller lernt. Das Tun wird in Zeiten der künstlichen Intelligenz, wo es ja sowieso alles Wissen für jeden einfach zugänglich gibt, immer wichtiger werden.

Das richtige Verhalten zur richtigen Zeit abfragen

Ein wichtiges Prinzip, das man im Training lernt, ist, dass man das gewünschte Verhalten zur richtigen Zeit abfragt. Wenn ich möchte, dass mein Hund 100%ig gehorcht (oder sagen wir nahe dran, es ist schließlich auch nur ein Lebewesen), dann muss ich die Signale so geben, dass das Tier das Verhalten ausführen kann. Wir sagen immer „Wir geben ein Signal, wenn wir 100 Euro verwetten, dass der Hund es auch ausführt." Zugegeben, das ist auch schon im Training für die meisten Menschen schwierig zu verstehen. Denn alle haben sofort die Bilder im Kopf, wo sie zum Beispiel den Hund zurückrufen können wollen, wo sie nie und nimmer 100 Euro verwetten würden. Aber gerade da soll er ja kommen. Tatsache ist: Da kommt man nur hin, wenn man es auch so trainiert. Ich habe nur dann einen 100%igen Rückruf, wenn ich ihn auch 100%ig trainiere. Trainiere ich das Rückrufsignal so, dass der Hund von zehn Mal nur fünf Mal kommt, dann werde ich immer nur ein 50%iges Rückrufsignal haben.

Übertragen aufs wirkliche Leben können wir das auch sehr schön anwenden. Auch von mir selber sollte ich nur Dinge verlangen, die ich unter den Umständen auch ausführen kann.

Packe ich mir zum Beispiel zehn Punkte in den Tag, die ich schaffen möchte und schaffe am Ende nur fünf, dann werde ich immer unzufrieden sein, weil ich so viel nicht geschafft habe. Das Leben darf immer wieder Freude machen. Wenn ich mir also nur drei Dinge in den Tag packe und die dann locker schaffe, sodass ich vielleicht sogar noch vier und fünf erledige, ohne dass es Plan war, dann kann ich mich freuen und richtig zufrieden mit mir selber sein.

„Wie soll das denn gehen, wenn so viel zu tun ist? Ich muss schließlich alles erledigen!" höre ich schon die Gedanken gehen. Guckt man aber genau hin, wurden in beiden Beispielen oben fünf Punkte abgearbeitet. Mehr passt einfach nicht in den Tag. Aber im ersten Beispiel bin ich unzufrieden, was sich ja auf alles andere in meinem Leben auswirkt. Im zweiten Fall bin ich voller Zuversicht, Freude und Tatendrang. Die Chancen, dass man dann sogar noch mehr schaffen würde, sind extrem gestiegen. Wobei ich die vielleicht frei geschaufelte Zeit dann eher für etwas Wellness empfehlen würde. Denn das ist ja dann quasi geschenkte Zeit und die sollte man auch entsprechend wertschätzend verwenden.

Ein weiterer Aspekt spielt hier noch eine große Rolle: So, wie ich im Training lernen darf, meinen Hund und die Umgebung zu beobachten, um zu erkennen, wann der richtige Zeitpunkt ist, kann ich im Leben lernen, mich selbst immer besser zu beobachten. Wir unterliegen ja alle gewissen Rhythmen. Da haben wir den Tag und Nacht Rhythmus, aber auch über den Tag verteilt verschiedene Zeiten, in denen wir viel oder eher weniger Energie haben. Die sollten wir mehr und mehr erkennen lernen. Braucht man für eine Aufgabe viel Energie, wozu auch Konzentrationsfähigkeit oder Willenskraft gehören, dann ist es ja schön verrückt, wenn man die zu einer Zeit macht, wenn das persönliche Energieniveau gerade im Keller ist.
Als ich angefangen habe, darauf zu achten, konnte ich viel produktiver werden. Dann kann ich mich auch zu einer Niedrig-Energie-Zeit mal hinsetzen und gar nichts tun oder sogar einen kleinen Mittagsschlaf halten und bin nachher um so produktiver. Auf einmal kam es mir dann so vor, als ob ich viel mehr Zeit hätte. Und selbst unliebsame Aufgaben - wie für mich zum Beispiel die Buchführung - fingen an Spaß zu machen. Mache ich das nämlich in einer Hoch-Energie-Zeit, erledige ich die Aufgabe um ein Vielfaches schneller. Es ist dann nicht so zäh und träge und will einem gar nicht von der Hand gehen, sondern geht ruckzuck.
Noch besser geht es mit einem anderen „Trick“. Als ich gelernt habe, mehr und mehr auf meine innere Stimme zu hören, konnte ich diese als zusätzliche Hilfe mit dazu nehmen. Höre ich nämlich auf die innere Stimme, wann etwas zu machen sei, dann geht es nochmal schneller von der Hand. Wenn ich das jemandem erzähle, bekomme ich oft als Feedback: Aber da würden manche Sachen ja nie gemacht. Das ist jedoch fantastischerweise nicht der Fall. Irgendwie hat die innere Stimme einen sehr guten Überblick, was alles wirklich wichtig ist. Und wenn dann von ihr kommt, dass es Zeit ist eine unliebsame Aufgabe zu erledigen, dann ist es getan, fast ohne dass man es merkt. Die innere Stimme ist dabei fast so wie ein Mitarbeiter, der einen an Termine erinnert. Ein Beispiel: Ich war einkaufen und fuhr durch den Kreisel zum nächsten Geschäft. Auf einmal lenkte ich aber die Ausfahrt, die in Richtung nachhause führte, aus dem Kreisel heraus, obwohl ich eigentlich eine Ausfahrt später nehmen wollte. Als ich das bewusst wahrnahm und mich schon ärgern und nach eine Wendemöglichkeit Ausschau halten wollte, sagte die innere Stimme: „Termin um elf Uhr.“ Das hatte ich total vergessen! So war ich dann aber pünktlich um kurz vor elf,

kurz bevor die Kundin kam, zuhause und meiner inneren Stimme mal wieder einfach nur dankbar.
So geht es mir und auch allen, die das schon so umsetzen. Man bekommt dann auch immer mehr Vertrauen zu warten, wann der richtige Zeitpunkt ist und fängt vorher gar nicht an, weil es doch nur Quälerei wäre.
Genauso geht es mir mit den Büchern. Dieses hier hatte ich schon so lange im Kopf. Wenn ich mich aber hinsetzen wollte, um zu starten, kam entweder etwas dazwischen oder es war einfach zäh. Als dann der richtige Zeitpunkt war und mir meine innere Stimme Bescheid gegeben hat, dass es nun losgehen kann, konnte ich problemlos morgens eine Stunde früher aufstehen und das Schreiben ging ganz leicht von der Hand. Mir scheint es oft so, als müssten wir gar nicht immer versuchen, alles selber zu machen, sondern wir können auf die Hilfe von innen zugreifen.

4.

„Think-Plan-Do“

In den Hühnermodulen mit Bob Bailey, wo ich wirklich gutes Training gelernt habe, wurde uns dieses Prinzip immer wieder eingehämmert. „Think – Plan – Do"! „Think" hat dabei eher die Bedeutung von rumspinnen, kreativ sein oder träumen. „Plan" heißt eben, dass man sich einen Plan macht und „Do", dass man ihn umsetzt.

Das Entscheidende ist, dass diese Vorgänge streng getrennt sind. Zum Rumspinnen und Kreativsein bietet sich vielleicht eine feucht-fröhliche Runde an der Theke an oder ein Spaziergang durch den Wald, ein schönes Bad oder was auch immer dazu geeignet ist, dass einem Ideen kommen. Da sollte man ruhig verrückte Ideen auch gelten lassen und sich eben noch nicht überlegen, wie und ob man sie umsetzen kann. Das kommt nämlich erst im nächsten Schritt. Sonst könnte es sein, dass man wertvolle Ideen verwirft, weil sofort der Gedanke kommt, dass es ja doch nicht geht.

Ein Beispiel, was Bob dann immer erwähnte: Bei einer verrückten Runde hat er mit einigen seiner Trainer darüber nachgedacht, ob man Schweine nicht fliegen lassen könnte. Wie es mit verrückten Ideen ist: sie werden ausgeschmückt und man verliebt sich immer mehr in sie. Da stand also fest, dass das versucht werden musste. Beim Planen stellte sich heraus, dass es wirklich nicht machbar war. Da wurde der Plan geändert und es entstand die Idee für ein Schweinerennen, was über viele Jahrzehnte eine große Attraktion auf Messen oder anderen großen Veranstaltungen wurde. Wäre die scheinbar verrückte Ursprungsidee direkt verworfen worden, hätte so etwas nie entstehen können.

Beim Planen wird also dann geplant. Man sollte wirklich erst ans Tier gehen, wenn der Plan steht, wenn man die Trainingsschritte festgelegt und sich über Eventualitäten einige Gedanken gemacht hat.

Im Training erleben wir immer wieder, dass die Menschen diese Stufen vermischen. Da wird schon in der Ideenfindung begonnen zu planen. Und meist ist da direkt der Hund dabei und es wird ausprobiert, ob das klappt, was man sich ausgedacht hat. Das erscheint auf den ersten Blick auch ganz vernünftig. Aber eben nur auf den ersten. Das Problem ist nämlich, dass der Trainer, wenn er planlos anfängt, den Hund meist mehr verwirrt, wie gut ist, was dann zu Misserfolg führt.

Es hilft uns auch im Leben, wenn wir diese Kategorien deutlich trennen. Das hat auch wieder etwas mit dem Im-Hier-und-Jetzt-Sein zu tun. Wenn ich sitze, dann sitze ich, wenn ich gehe, dann gehe ich, wenn ich trinke, dann trinke ich und so weiter.

Nimm dir hin und wieder Zeit zum Rumspinnen. Die Planungsphase kommt erst danach.

Man sollte sich also hin und wieder Zeit zum Rumspinnen nehmen. Da kann man am intergalaktischen Lebensziel feilen oder sich eine beliebige Situation seines Lebens vornehmen, die es zu optimieren gilt. Beim Brainstorming gibt es ja auch die Regel, dass jede Idee erst einmal angenommen wird und dass in der Ideenphase noch nicht sortiert oder bewertet wird. Das gilt auch, wenn man für sich alleine brainstormt.
Danach kommt die Planungsphase, die wir bei „Klitzekleine Trainingsschritte" (siehe S. 78) besprechen werden.

Das DO

Es lohnt sich, auch auf das nochmal die Lupe draufzuhalten. Denn viele Menschen haben schöne Ideen und Vorstellungen, kommen aber nicht ins Tun. Entweder man findet keinen Anfang, weil der erste Schritt nicht klar ist, man hat Zweifel über das Vorhaben, es fehlt der Mut oder man findet keine Zeit. Manchmal hat man auch Angst vor dem Schritt ins Unbekannte, vor Veränderungen oder Enttäuschungen. Man findet dann „faule Ausreden", redet sich ein, dass es doch nicht so wichtig ist oder schwankt, welche von den vielen Ideen man zuerst umsetzen will. Und so kommt dann gar nichts zustande: das berühmte Prokrastinieren. So entsteht es.
Das Tun hat jedoch eine magische Eigendynamik, die man eben erst erfährt, wenn man ins Tun kommt.

Das Tun hat eine magische Eigendynamik, die man erst erfährt, wenn man ins Tun kommt.

Im Training ist da das größte Thema, dass die Trainer keine Trainingspläne schreiben. Da müssten sie also ins Tun kommen. Trainingspläne sind oft ein Buch mit sieben Siegeln für die Leute und bleiben es auch, bis sie das erste Mal den Planungsprozess wirklich durchlaufen haben, einen Trainingsplan erstellt haben und dann auch gemerkt haben, wie sich so ein Plan mit der Zeit entwickelt. Wenn das passiert ist, dann ist das Prinzip klar und man merkt es sofort am Verständnis des Trainers. Ohne das Tun und Umsetzen bleibt es immer ein Buch mit sieben Siegeln.

Das haben wir im Leben auch immer wieder. Michaela und ich tanzen jetzt zum Beispiel schon seit einigen Jahren Ballett. Ja, ich habe im Alter von 49 Jahren damit angefangen und möchte es nicht mehr missen. Wir starten die Woche mit einer Ballettstunde und das gibt uns Energie für die ganze Woche.

Aber weshalb ich das erzähle, ist folgendes: Über all die Jahre ist es uns immer wieder passiert, dass wir auf einmal ein Aha-Erlebnis hatten. Auf einmal konnten wir den Muskel fühlen, von dem die Ballettlehrerin schon von Anfang an erzählte. Das hatten Michaela und ich zu unterschiedlichen Zeiten. Und dann war es jedes Mal ein sehr spannender Augenblick. Auf einmal geht es dann, dass man einen Muskel in seinem Körper ansprechen kann, von dem man in all den Jahren zuvor höchstens theoretisch wusste, dass es ihn gab. Ohne das Tun, diese Hunderte Wiederholungen der Übungen, hätten wir das nie erfahren.

Gerade erlebe ich, wieviel es bringt, wenn ich jeden Tag fünfzehn Minuten aufräume. Theoretisch ist das ja klar - oder eben auch nicht so wirklich. Denn es ist ja oft so, dass man scheinbare Mammutaufgaben erst gar nicht beginnt. Kommt man jedoch ins Tun, dann erlebt man Dinge, die man sich so gar nicht vorgestellt hätte.

Ich sitze seit gut zwei Jahren im Schneidersitz am Computer. Denn in der Wüste hatte ich gelernt, dass auf dem Boden sitzen „Sport für Faule" ist. Nun, ich sitze nicht auf dem Boden, sondern habe eine Art niedrigen Wohnzimmertisch als Stuhl, auf dem ich Platz genug hatte. Anfangs klappte der Schneider-

sitz nur kurz. Meist saß ich dann eher wie auf einem Pferd oder auch mit ausgestreckten Beinen. Jetzt kann ich schon gefühlt ewig im Schneidersitz sitzen. Die Knie berühren fast den Boden, bzw. eines liegt schon komplett auf, das andere noch nicht ganz. Das hätte ich nie für möglich gehalten. Immer wenn ich früher Leute im Schneidersitz gesehen habe, habe ich gedacht - wie machen die das nur? Ich bin dafür nicht gebaut. War ich damals auch nicht. Meine Bänder waren durch die Stuhlsitzerei viel zu verkürzt. Das Schöne ist aber, man kann seinen Körper ja auch umbauen. Auch da ist viel mehr möglich, als wir uns zutrauen. Aber auch da gilt, man muss ins Tun kommen. Wenn da dieser innere Schweinehund nicht wäre ...!
Es lohnt sich so sehr. Ich fühle mich gerade mit 56 in meinem Körper so wohl wie noch nie im Leben. Jetzt, wo alle in meinem Alter anfangen über ihre ganzen Wehwehchen zu klagen und darüber jammern, dass man ja schließlich alt wird, ist mein Körper so fit und beweglich wie noch nie im Leben. Ich war nämlich eigentlich immer schlecht im Sport, steif und unbeweglich und hatte keine Kondition. Ich war in der Schule immer eine von denen, die als letzte auf der Bank gesessen haben, wenn es darum ging, dass Leute für die Mannschaften ausgewählt wurden. Bis ich mir irgendwann dachte, ich glaube ein gesunder Körper ist wichtig für einen gesunden Geist. Obwohl ich mir eigentlich schon immer einen gesunden Geist eingebildet hatte. Den Unterschied merkte ich erst, als der Körper immer fitter und beweglicher wurde, was das auch für Auswirkungen auf den Rest im Leben hat.
Deshalb ist das Tun so wichtig. Deshalb hätten es auch viel mehr Dinge verdient, getan zu werden. Dann kann man so wichtige Erfahrungen machen, die man eben nur theoretisch einfach nicht bekommt. Zwischen Wissen und Können ist nun mal ein gewaltiger Unterschied.

„Sage es mir und ich werde es vergessen, zeige es mir und ich werde es vielleicht behalten, lass es mich tun und ich werde es können!“

Konfuzius

„Der beste Trainer der Welt"

Wieder mal eine Aussage von Bob Bailey, der uns so viel fürs Training, aber auch fürs Leben beigebracht hat und dem wir viel zu verdanken haben: „Wenn du bei deinem Tier bist, dann glaube an dich! In dem Moment bist du der beste Trainer der Welt!"

Die Situation muss man sich mal vorstellen: Da steht man gefühlt wie ein Trainingsanfänger vor dem besten Trainer der Welt und ist sowieso schon aufgeregt und hört dann diesen Satz, man solle der beste Trainer der Welt sein. Ich brauchte eine Weile, bis ich das verstanden hatte. Denn meine Gedanken darüber waren: „Aber das stimmt doch nicht. Ich mache lauter Fehler. Dann bin ich einfach nicht der beste Trainer der Welt." Und genau da liegt das Problem. Habe ich nämlich solche Gedanken beim Training, bin ich nicht mehr im Hier und Jetzt. Und wir erinnern uns: Think - Plan - Do, wenn ich tue, dann tue ich und denke nicht mehr darüber nach. Wir machen immer nur kurze Trainingseinheiten. Danach hat man also genug Möglichkeiten, nachzudenken und sein Training zu evaluieren.

Aber es ist nicht nur, dass ich während des Trainings nicht darüber nachdenken soll, was für ein schlechter Trainer ich bin, ich soll viel mehr in dem Glauben trainieren, dass ich der beste Trainer der Welt bin. Was macht das mit einem, wenn man das schafft? Man ist zuversichtlich, hat Vertrauen ins eigene Können, strahlt Sicherheit aus und ist optimistisch, was natürlich alles dazu führt, dass das Training auch wirklich besser wird. Mit der Zeit hatte ich also Bobs Idee dahinter verstanden und gebe das jetzt auch gerne an Trainer, die ich ausbilde, weiter.

Aber ich sehe auch in ihnen immer den Konflikt, den ich anfangs auch hatte: „Wie soll ich so tun, als ob ich der beste Trainer der Welt bin, wenn das doch gar nicht der Fall ist?" Sagen wir mal so: Ohne diesen Gedanken kann es auch nie der Fall werden. Und wenn jetzt einer denkt, ich möchte ja auch gar nicht der weltbeste Trainer werden, da habe ich gar keine Ambitionen zu, dann würde ich entgegenhalten: Aber du möchtest deinem Tier bestmöglich helfen. Dieses Denken gehört also zur Verantwortung, die man seinem Tier gegenüber trägt.

Im wirklichen Leben begegnet uns dieses Prinzip bei der Idee des positiven Denkens. Auch da ist ja ganz oft die Einstellung: Ich kann mir doch nicht die rosarote Brille aufsetzen und so tun als wäre alles paletti, wo es das nun mal nicht ist. Doch, das kann man.

Als Beispiel dazu eine Geschichte aus unserem landwirtschaftlichen Betrieb: Ich möchte gerne zeigen, dass man ohne die Anwendung von Gift und Kunstdünger in Hülle und Fülle produzieren kann. Denn so funktioniert die Natur: überall Hülle und Fülle. Ich erinnere mich an ein Jahr, wo wir auf einem Feld Raps angebaut hatten und das eben ohne Dünger und Spitzmittel tun wollten. Es funktionierte nicht. Es war ein Totalverlust. Der Rapsglanzkäfer hat uns die ganze Ernte weggefressen. Der Grund dafür ist klar: Unsere Böden waren tot. Bei schwachen Pflanzen, was aus toten Böden gar nicht anders möglich ist, ist das Prinzip der Natur, dass die möglichst schnell wieder abgebaut werden, um aus deren Bestandteilen neue und gesündere Pflanzen wachsen zu lassen. Die Versuchung war groß, wieder zu spritzen, wenn man überall Tierchen sieht, die einem die Ernte wegfressen. Aber wir haben es nicht getan. Inzwischen sind wir ein Bio-Betrieb und spritzen sowieso gar nicht mehr, auch nicht die Dinge, die man unter dem Label noch spritzen dürfte. Auf unseren Weiden können wir schon sehr schön zeigen, dass wir Hülle und Fülle ohne Kunstdünger und Spritzen haben. Auch unsere Ackerböden werden immer gesünder. Da ist noch etwas Weg zu gehen, aber das wird noch. Ohne das Bild von dem gesündesten Boden und einer vollen Ernte hätte ich gar nicht die Kraft und das Durchhaltevermögen für diese Mammutaufgabe. Das ist besonders wichtig, wenn es Rückschläge gibt und wenn „die anderen“ dann wieder Dinge sagen wie „Siehst, das geht gar nicht“ oder „Habe ich doch gleich gesagt“. Durch das Bild von Erfolg oder nennen wir es ruhig die rosarote Brille dienen mir solche Aussagen dann eher noch als Ansporn, durchzuhalten und es letztendlich doch zu zeigen.

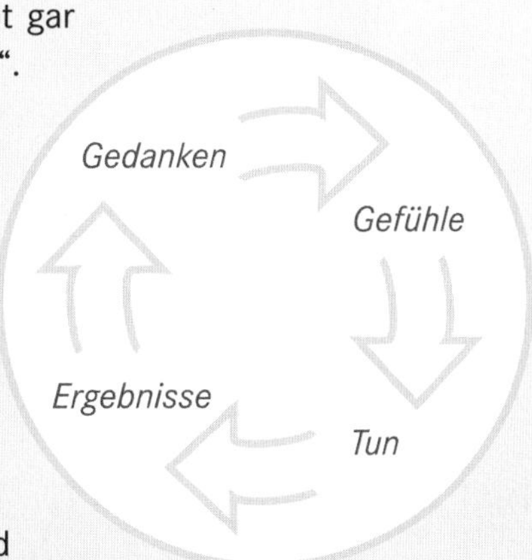

Um das in einer Abbildung sichtbar zu machen, zeige ich hier mal den – wie ich ihn nenne „Potenzialkreislauf“. Unsere Gedanken steuern unsere Gefühle, die wieder steuern unser Tun und dadurch werden die Ergebnisse bestimmt. Die

Ergebnisse beeinflussen dann wieder unsere Gedanken und so weiter. Das ist ein Potenzialkreislauf, weil in ihm das Potenzial zu einem Teufelskreis oder zu einem „Engelskreis“ liegt.
Sehen wir uns das als Beispiel bei unserem Land an: Meine Gedanken sind „Ich möchte unser Land gesund und artenreich haben. Es soll zeigen, dass uns die Natur mit Hülle und Fülle versorgt, wenn wir mit ihr zusammenarbeiten.“ Die Gefühle, die damit verbunden sind, sind Zuversicht, Freude, Vertrauen. Mit solchen Gefühlen kommt man gerne ins Tun. Das Ergebnis ist ein lebendigerer Boden. Gut, ich muss die Verbesserungen wirklich im wahrsten Sinne des Wortes mit dem Mikroskop suchen. Mit bloßem Auge sieht man sie nämlich so schnell noch nicht. Aber an den kleinen Bewohnern des Bodens sieht man schon eine Veränderung. Sie werden zahl- und artenreicher. Das gibt mir die Gedanken: „Juchu, wir sind auf dem richtigen Weg. So gilt es durchzuhalten.“ Das wiederum gibt als Gefühle immer noch Zuversicht, noch mehr Freude (weil es ja funktioniert) und Vertrauen und dann auch Durchhaltevermögen. So funktioniert also ein Engelskreis.
Nun ein Teufelskreis, den du bestimmt schon selbst so oder in deinem Bekanntenkreis erlebt hast. Es geht ums Abnehmen. Die Gedanken können sein „Schon wieder eine Diät. Ich kann das ja doch nicht. Ich will eigentlich gar nicht verzichten“. Die damit verbundenen Gefühle sind dann Mutlosigkeit, geringes Selbstwertgefühl und Antriebslosigkeit. Das bringt einen nicht sehr wahrscheinlich ins Tun. Oder man startet, aber hält es nicht durch, was natürlich die entsprechenden Ergebnisse mit sich bringt. Das wiederum führt zu den Gedanken: „Siehst du, habe ich doch gleich gesagt.“ Und schon haben wir den Teufelskreis. Spannend finde ich, dass dieselben Sätze, die mir von außen gesagt werden und eher zum Ansporn führen, dann, wenn man sie sich selber sagt, das Gegenteil bewirken. Warum tut sich der Mensch das an?
Bei allem, was wir uns vornehmen, geht es also auch ums Tun und ums Durchhalten. Ich kann dir nur empfehlen, es mal auszuprobieren, um die Magie des Tuns zu erleben und so nebenbei auch schon mal Einblicke in den Potenzialkreis zu bekommen.

Wie man ins Tun kommt

Jetzt habe ich so viel vom Ins-Tun-kommen geschrieben. Vielleicht hast du dir gedacht: Schön und gut, wenn es so einfach wäre! Das Problem ist ja, wie schon am Anfang des Kapitels beschrieben, dass es gute Gründe gibt, etwas nicht zu tun.

Einen Teil der Gründe werden wir noch durch die klitzekleinen Trainingsschritte (siehe S. 78) abbauen. Für den Rest werde ich jetzt noch einen anderen „Trick“ vorstellen: nämlich die Rituale.

Viele Menschen wollen mit Willenskraft Veränderungen erreichen. Dabei ist es egal, ob es ums Abnehmen geht oder darum, Sport zu treiben oder sonst irgendetwas. Meist ist das zum Scheitern verurteilt. Vielleicht hast du das auch schon bemerkt? Das ist gar nicht deine Schuld, denn Willenskraft ist ein schlechter Helfer, wenn es um Veränderungen geht. Wenn wir morgens aufstehen, haben wir eine bestimmte Menge an Willenskraft. Die verbrauchen wir dann über die vielen kleinen Entscheidungen, die wir so treffen müssen. Entscheidungen nehmen viel Energie und Willenskraft. Deswegen drücken wir uns auch so oft vor Entscheidungen. Und wir müssen ja auch schon entscheiden, was wir morgens anziehen, was wir zu Mittag kochen und so weiter.

Es gibt Menschen, die sich dann immer noch Kraft für Veränderungen abringen können. Aber oft geht das nur über einen bestimmten Zeitraum und dann fällt wieder alles zusammen.

Deshalb gibt es eine andere Möglichkeit, die kaum Willenskraft verbraucht, und das sind die Rituale. Bei Ritualen baue ich kleine Veränderungen in mein Leben ein, die ich dann für 30 - 90 Tage durchhalte und die dadurch zu einer Gewohnheit werden. Musst du dich zum Beispiel noch dazu entscheiden, deine Zähne zu putzen? Wahrscheinlich nicht. Das ist nämlich schon längst Gewohnheit und das passt natürlich in den Tagesablauf.

Wichtig sind auch beim Ritualaufbau die klitzekleinen Schritte (siehe auch S. 78). Nehmen wir also an, ich möchte morgens etwas für meinen Körper tun. Dann habe ich die Gymnastikmatte schon greifbar, damit ich sie nicht erst suchen muss. Ich ziehe sofort meine Barfußschuhe an, also auch sie stehen zum Reinschlüpfen bereit und dann bin ich eigentlich schon fertig. Ich höre gerne auf meine innere Stimme, was der Körper haben möchte. Brauchst du noch Musik oder auch eine Anleitung, dann mache es dir auch damit so einfach wie möglich. Dann starte mit 15 Minuten. Wenn 15 Minuten wirklich nicht gehen

sollten, dann eben auch mit fünf. Du wirst merken, dass du schon damit mit einer ganz anderen Energie in den Tag gehst.
Plane diese 15 Minuten zu einer festen Zeit in deinem Tag ein: morgens nach dem Aufstehen, während das Mittagessen kocht oder abends bei der Tagesschau, wo immer es dir am besten hinpasst.
Dann kannst du dir noch eine Belohnung für dich überlegen. Entweder machst du dir ein Smiley in einen Wandkalender oder ziehst ein Perlchen beim Tagulator (das ist eine Zählhilfe für Trainer) herunter, was immer deinen Erfolg für dich sichtbar macht. Denn du darfst ruhig stolz auf dich sein. Vielleicht kannst du dir auch Unterstützung von außen holen. Frag eine Freundin, ob sie mitmacht, dann könnt ihr euch gegenseitig erinnern. Im Team zu arbeiten ist immer hilfreich.
Schon nach 30 Tagen ist es bei solchen Kleinigkeiten meist geschafft, dass aus dem Ritual eine Routine wird. Dann geht es automatisch und du brauchst nicht mehr darüber nachzudenken. Das wäre der Zeitpunkt, eine weitere Routine aufzubauen. Stell dir vor: So baust du in einem Jahr zwölf neue Gewohnheiten in dein Leben ein, die dich auf ein anderes Level deiner selbst bringen können.

5.

LEBENS
~~Trainings~~stipps

Zum Training gehört einiges an theoretischem Hintergrundwissen. Außerdem ist es ein Handwerk. Nur mit beiden Aspekten kann man letztendlich wirklich tolle Ergebnisse erzielen. Trotzdem gibt es natürlich in jedem Spezialgebiet Insiderwissen, das einem die Arbeit erleichtert und schneller zu Erfolgen verhilft. Das haben wir auch im Training. Und auch dieses Insiderwissen hat Parallelen für unser Leben. Damit wollen wir uns in diesem Kapitel befassen.

Sehen, was man haben will

Im Training dürfen wir lernen, Verhalten, das wir haben wollen, zu sehen und zu belohnen und Verhalten, das wir nicht wollen, zu ignorieren. Das geht für die meisten Hundehalter ganz gegen die Intuition. Denn solange der Hund sich vorbildlich verhält, fällt es uns in der Regel nicht auf. Dann können wir uns ja bequem mit unseren so oberwichtigen Dingen befassen. Stellt der Hund jedoch etwas an, dann sind wir mit unserer Aufmerksamkeit bei ihm. Und das erscheint so logisch. Er darf eben keine Blumentöpfe ausräumen oder Teppiche anknabbern. Dem muss man ja Aufmerksamkeit schenken, um das abzustellen.

Jetzt wird es vertrackt: Aufmerksamkeit ist der größte Verstärker. Lernt der Hund, dass ich die ganze Zeit in meinen Computer gucke und mit mir echt nichts anzufangen ist, sich das aber schlagartig ändert, sobald er sich einen Blumentopf schnappt, dann wird er das schamlos gegen mich ausnutzen. Denn es funktioniert, damit bekommt er Aufmerksamkeit. Auch, wenn wir versuchen ihn zu jagen und mit ihm schimpfen. Beobachtet man nämlich mal Hunde im Spiel, sind lautes Gebelle und Hinterherlaufen durchaus oft ein wichtiger Bestandteil des Spiels. Es lohnt sich also für den Hund und entsprechend häufiger wird er dieses Verhalten zeigen. So bekommt man automatisch immer mehr von dem Verhalten, was man gerade am wenigsten möchte.

Was ist die Lösung?

Wir dürfen lernen, stattdessen zu sehen, was wir gerne haben wollen. Auch wenn das heißt, dass wir unsere Beschäftigung unterbrechen müssen. Denn das würden wir ja auch, wenn der Hund etwas Unerwünschtes zeigt. Liegt der Hund also schön brav in der Ecke und wir widmen ihm dafür unsere kostbare

Aufmerksamkeit, dann wird ihm das auffallen. Er wird eins und eins zusammenzählen und auch das schamlos gegen uns verwenden. Allerdings ist es für unsere Einrichtung und auch unsere Nerven die viel bessere Alternative. Damit, dass man immer mehr lernt zu sehen, was man gerne haben möchte und das dann entsprechend beim Hund belohnt, bekommt man gefühlt ganz nebenbei einen gut erzogenen Hund.

Achtung! Zu Risiken und Nebenwirkungen: Das färbt ab aufs wirkliche Leben. Man lernt auch bei seinen Mitmenschen immer mehr, die Verhalten wahrzunehmen und zu schätzen, die einem gefallen, während man unerwünschte Verhalten immer besser ignorieren kann.

Mich hat vor Jahren einmal sehr gefreut, als die Lehrerin meiner Tochter mir beim Elterngespräch folgendes mitteilte: „Es ist echt auffällig: Wenn ein Schüler an der Tafel steht, finden alle in der Klasse immer etwas zu beanstanden. Nur Delia, sie findet immer etwas, was gut war."

Schon an diesem Beispiel sieht man die Auswirkungen auf das Leben. Aber es geht noch weiter: Mit dem, wohin wir unsere Aufmerksamkeit lenken, gestalten wir unsere Wirklichkeit.

Du hast bestimmt schon mal erlebt, dass du dich damit beschäftigst, dir eine bestimmte Automarke zu kaufen. Auf einmal siehst du solche Autos an jeder Ecke. Oder ich erinnere mich an meine Schwangerschaften. Normalerweise sehe ich ganz selten mal schwangere Frauen. Aber wenn man selbst schwanger ist, begegnen auch sie einem an jeder Ecke.

Oder folgendes: „Ich möchte nie einen langhaarigen Hund haben!" Natürlich hat man dann einen langhaarigen Hund. Bei mir war es „Ich möchte nie einen Schimmel haben!" Und nun rate mal, was ich habe. Aber Moment: Da steht doch „nie". Das ist das Prinzip „Denke nicht an einen rosaroten Elefanten". Man kann gar nicht anders, als dann doch besagten Elefanten im Kopf zu haben. So war es bei mir beim Schimmel. Wenn ich diesen Satz aussprach, hatte ich im Kopf Bilder davon, wieviel Arbeit es ist den sauber zu halten, wie er aussieht, nachdem er sich in unserer schönen roten Erde gewälzt hat, sodass man die Farbe nicht mehr rausbekommt. Und schwupp, da kommt natürlich ein Schimmel in mein Leben.

Ich denke du kennst auch solche Beispiele. Denn das ist nun mal eine Gesetzmäßigkeit.

Genauso wie ich im Training nicht sagen darf „Ich möchte nicht, dass mein Hund mich anspringt", sondern lieber „Bei einer Begrüßung sind alle vier Pfo-

> *Ich muss auch im Leben lernen, das zu sehen, was ich haben will und nicht das, was ich nicht haben will.*

ten auf dem Boden", so muss ich auch im Leben lernen, das zu sehen, was ich haben will und nicht das, was ich nicht haben will.

Je nachdem, wie lange ich in dem Hundebeispiel schon falsch gedacht und immer wieder dem Anspringen Aufmerksamkeit geschenkt habe, wird das Verhalten wahrscheinlich nicht sofort verschwinden, wenn ich anders denke. Oder formulieren wir es mal anders: Ich kann wahrscheinlich nicht anders denken, weil ich ja weiß, dass der Hund doch wieder anspringen wird. Ich darf also das Verhalten über Management vermeiden, bis ich meine Gedanken immer mehr unter Kontrolle habe. Ich muss lernen, achtsam, aber nicht alarmiert zu sein. Das bedeutet nicht, dass ich eine rosarote Brille anziehe und die Realität nicht wahrnehme. Aber ich kann mir vornehmen, im weichen Fokus zu sein, alles wahrzunehmen und eben auch mit richtigem Timing zu reagieren.

Auch im Leben geht es darum, dass wir uns darauf konzentrieren, was wir haben wollen!

Es ist etwas anderes, als „nur" positiv zu denken, denn das alleine reicht nicht aus. Das wäre dann so, als würde man die rosarote Brille aufsetzen. Es geht darum, achtsam zu sein und alles wahrzunehmen. Denn dann kann man auch richtig und rechtzeitig reagieren, denn der Fokus ist auf dem, was man will!

Dazu ist wichtig, zu wissen was man haben möchte. Da sind wir wieder bei Kapitel 2, wo es um den Plan geht. Es ist wichtig, dass man sich Gedanken darüber macht, was Lebensqualität ist. Wo möchtest du gerne hin? Wo siehst du dich in fünf Jahren? Diese Fragen können die wenigsten Menschen beantworten, weil sie „nur" so dahinplätschern im Leben und leider kein Ziel vor Augen haben. Meist wissen sie gar nicht, was sie sehen wollen, weil eben das Ziel fehlt... Wir sehen die Umwelt nicht so wie sie ist, sondern wie wir sind!

Eigentlich gibt es keine neutrale objektive Umwelt. Aus der Quantenphysik wissen wir: Sobald der Beobachter ein Teilchen beobachtet, ändert sich dessen Qualität. Das ist ein spannendes Phänomen. Demnach können wir die Welt auch ändern, je nachdem wie wir sind und wo unser Fokus liegt. Sei also achtsam. Nimm die Dinge wahr. Leb im Hier und Jetzt und hab den Fokus dort, wo du hin willst!

Nimm als Beispiel deine Vorstellungen, Planungen und Ziele für den heutigen Tag: Wie soll er gestaltet werden? Was möchtest du heute arbeiten? Wie möchtest du ihn verbringen? Mit wem? Legt man den Fokus darauf, nett zu den Leuten im Umfeld zu sein und ihnen nettes Feedback zu geben? Wirst du dich darauf konzentrieren, bekommst du wunderbarerweise auch viel Nettes aus deiner Umgebung zurück. Daher lohnt es sich schon am Morgen, sich Gedanken darüber zu machen, was man an diesem Tag, in dieser Woche, in den nächsten Monaten/ Jahren machen bzw. erreichen will. Oft sind es Kleinigkeiten, die dazu führen, dass wunderbare Dinge passieren. Frage dich:
Was möchte ich lernen? Was möchte ich wann fertigbekommen? Beachte, dass du dir für einen Tag oder eine Woche nicht zu viel vornimmst und für das ganze Jahr dann zu wenig ... Viel besser ist es, sich nur drei Punkte vorzunehmen und dann stolz auf sich zu sein, weil man die alle geschafft hat (und wenn ich noch Zeit hab, kann ich ja noch einen vierten Punkt machen ...), was wir ja oben auch schon mal besprochen haben. Das verschafft mir ein viel erfüllteres Leben, als wenn ich mir ständig zu viel aufbürde. Habe ich nun 15 Punkte auf meiner „To Do Liste" und ich schaffe sie nicht? Was sagt mir das? Es waren zu viele Punkte oder ich war zu wenig fokussiert und habe mich ablenken lassen. Gegen das erste Problem sollte ich die Zahl der Punkte auf der Liste also anpassen, da wir leider den Tag nicht einfach verlängern können. Habe ich aber nur drei Punkte auf meiner Liste und die schaffe ich, dann stelle ich mehr und mehr fest, dass dies ein viel effektiverer Weg ist. Wenn ich nun den Fokus darauf lege, dass ich meine To-Do-Liste schaffen will, dann schreibe ich eben nur ein bis drei Punkte darauf, die ich sicher schaffen kann. Darin kann man sich üben. Ich werde also mehr und mehr erkennen, was ich wie schaffen kann und ehe ich mich versehe, sind die 15 Punkte erledigt. Dabei ist es wichtig, dass ich mir die Situationen immer so gestalte, dass ich Erfolg habe! Wie im Training! Da haben wir den Satz „Stell dem Hund nur die Fragen, die er mit JA beantworten kann!"
Bei dir ist das noch viel wichtiger! Stell auch dir nur die Fragen, die du mit JA beantworten kannst! Ansonsten entsteht schnell Frustration, und die ist nicht hilfreich!
Das zweite Problem, nämlich den fehlenden Fokus, haben wir hiermit schon oft mit erledigt. Wenn nicht, gibt es davon auf Seite 36 mehr.

Es gilt also wirklich, die Gesetzmäßigkeit dieses Phänomens zu erkennen. Und nochmal zur Verdeutlichung: Unser Unterbewusstsein kennt das Wort „NICHT" nicht! Da sind wir wieder beim rosaroten Elefanten.

Beobachte mal, wie die Leute reden und wie sie leben. Man kann das durch das Reden schon vorhersagen. „Mir geht doch immer alles schief." „Der und der hat mich heute wieder echt geärgert." Beobachte das mal ... Verhalten kann man ändern! Wenn ich es will! Ich kann anders reden, dann habe ich andere Gefühle. Mit anderen Gefühlen bekomme ich eine andere Motivation und mit der kann ich mein Leben ganz anders gestalten. Ich bin überzeugt davon, dass wir auf der Erde sind, um unser Leben zu genießen und wir haben alle Werkzeuge, um das zu tun. Mach das Problem zu deiner Lösung!

Je mehr man diese Gesetzmäßigkeit erkennt und immer wieder bei anderen und auch am eigenen Leib beobachtet, desto mehr kann man sich selbst in dieser Hinsicht herausfordern. Was kann ich alles sehen, was ich haben will? „Ich möchte extrem reich sein" kann so ein Versuch sein. „Nein, das willst du nicht", sagt dann die innere Stimme, „reiche Leute sind nämlich alle unausstehlich." So oder so ähnlich findet dann das Gespräch im Inneren statt. Was passiert da? Auf einmal kommen Glaubenssätze hoch. Glaubenssätze sind meist Fokussierungen, die wir im Unterbewusstsein haben und die uns unser Leben gestalten.

Wenn wir erkennen, dass das Leben, wie es gerade ist, genau so ist, wie wir es uns erschaffen haben, dann haben wir den Schlüssel in der Hand, das zu ändern. Dann darf die spannende Suche nach unbewussten Glaubenssätzen starten. Wieder sind wir bei der Arbeit im Inneren.

Je weiter wir mit dieser Arbeit kommen, desto mehr Wunder passieren in unserem Umfeld.

> *„Wenn wir erkennen, dass das Leben, wie es gerade ist, genau so ist, wie wir es uns erschaffen haben, dann haben wir den Schlüssel in der Hand, das zu ändern."*

Vorbereitet sein

Das Schöne ist ja, dass uns das Universum eigentlich immer und überall mit den Aufgaben winkt, die wir noch zu unserer Entwicklung umsetzen können. Spannend ist dabei, dass es nicht darum geht, besser zu werden, wie wir das oft glauben. Wir sind ja schon perfekt. Aber wir dürfen uns entwickeln. Alles in der Natur ist perfekt, aber es entwickelt sich ständig weiter. Das ist ein faszinierendes Prinzip, mit dem wir Menschen uns so schwertun. Denn wir meinen einerseits immer, wir müssten besser werden und haben überzogene Ansprüche an uns, andererseits wollen wir aber alles gleich behalten. Es soll sich möglichst nichts ändern, denn das bringt einen ja raus aus der Komfortzone.
Aber Leben ist Entwicklung. Wenn etwas lebt, kann es nicht gleich bleiben. Gerade, wo ich diese Zeilen schreiben, turnen sechs kleine Kätzchen um mich rum. „Ach, könnten die doch immer so bleiben!" höre ich oft. Nein, könnten sie nicht. Denn dann könnten sie sich nicht entwickeln. Nicht entwickeln bedeutet Tod. Alles im Leben entwickelt sich. Ich sehe das auch im Garten oder in der Landwirtschaft. Alles entwickelt sich ständig weiter – wenn wir es lassen. Typisch menschlich ist, dass wir alles gleich und gewohnt halten wollen. Da wird der Garten bearbeitet und ganz viel Energie reingesteckt, damit er ein Jahr wie das andere aussieht. In der Landwirtschaft wird das Land immer wieder gleich gehalten. Wir tun alles, damit es sich nicht weiterentwickelt. Aber das bedeutet im wahrsten Sinne des Wortes Tod. Unsere Böden sind tot. In der Natur würden sie sich zu immer mehr Artenreichtum und Leben weiterentwickeln. Aber wir unterbinden diese Entwicklung.
Wir haben also diese seltsame Situation, dass wir immer besser werden wollen, weil wir alle meinen, nicht gut genug zu sein, aber Entwicklung lieber verhindern wollen, weil sie damit Altes und Gewohntes ändert.

> *„Alles in der Natur ist perfekt, aber es entwickelt sich ständig weiter. Leben ist Entwicklung. Wenn etwas lebt, kann es nicht gleich bleiben."*

Es ist wie mit einer Blume: Erst bildet sie schöne Blätter, dann kommt der Blütenstand und macht neugierig. Springt die Blüte auf, kommt man aus dem Staunen nicht mehr heraus und auch der Samenstand hat sein eigenes Etwas. Schließlich vergeht sie und verbessert mit ihren Bestandteilen den Boden, damit dieser sich weiter entwickeln kann. Der weiterentwickelte Boden gibt dann neuen Pflanzen Raum, die auf dieser Entwicklungsstufe gedeihen und so geht es immer weiter.

„Vorbereitet sein“ heißt unser Kapitel. Im Training erlebe ich oft, dass die Menschen nicht wirklich auf die Trainingssituation vorbereitet sind. Da die Hunde im Hier und Jetzt leben, sind sie schon längst im Trainingsmodus und bieten Verhalten an, was der Trainer übersieht, weil noch die Leckerchentasche sortiert wird und die Utensilien nicht vollständig sind. Der Hund hat - bis der Trainer fertig ist - schon ganz häufig gefragt, welches wohl das gewinnbringende Verhalten ist, aber nie eine Antwort bekommen. Das wurde also ignoriert. Ein Verhalten, das ignoriert wird, wird gelöscht. Ist der Trainer endlich fertig, bietet der Hund das Verhalten nicht mehr an und es dauert länger mit der Verständigung. Deshalb ist Vorbereitung so wichtig. Der Trainer sollte erst dann auf der Trainingsfläche erscheinen, wenn er wirklich bereit ist, zu starten. Denn unsere Tiere sind nun mal schnell. Sie halten sich nicht mit Gedanken über Vergangenheit und Zukunft auf, sondern sind im Augenblick. Wenn wir ihnen im gleichen Kontext begegnen wollen, müssen wir zum einen fertig vorbereitet und zweitens auch gedanklich da sein.

Das haben wir schon im Kapitel „Im Hier und Jetzt sein“ besprochen. Hier kommt noch ein zusätzlicher Aspekt ins Thema rein.

Damit wir nämlich im Hier und Jetzt sein können, sollten wir vorbereitet sein. Was heißt das? Das heißt, dass alles fertig ist und man ganz im Moment sein kann.

Alles fertig zu haben? Geht das im Leben überhaupt? Da gibt es die immer volle To-Do-Liste. Deshalb kann man doch eigentlich nie fertig sein, oder doch? Da lohnt es sich genauer hinzuschauen, denn da liegt ganz viel Potenzial zu weniger Stress und mehr Zufriedenheit.

Um fertig und vorbereitet zu sein, muss man andere Dinge abschließen oder beenden. Welche Dinge gibt es in unserem Leben, die noch nicht abgeschlossen sind? Diese „Unvollendeten“ rauben uns in der Regel eine ganze Menge Energie. Da liegt die angefangene Hose rum, die man schon immer mal fertig nähen wollte. Dann ist da die Buchidee, die immer wieder danach ruft, dass man sie weiterverfolgt. Das Beet im Garten ist halb umgegraben und wartet auf Vollendung. Meist noch viel mehr als die täglichen Routinen sind es eben diese „Unvollendeten“, die uns immer wieder auf dem falschen Fuß erwischen. Sie blockieren unsere Gedanken, sie machen uns ein schlechtes Gewissen und einfach eine Menge Stress. Es lohnt sich also wirklich, diese Störenfriede anzugehen.

Eine Möglichkeit ist, dass man alle „Unvollendeten“ mal auf einer Liste sammelt. Das sollten keine Routineaufgaben sein, sondern nur mehr oder weniger einmalige Dinge, die eben noch auf Fertigstellung warten.

Wenn erst einmal alles auf der Liste steht, ist schon viel erreicht. Denn dann hat man alles übersichtlich und so ein Event kann einen nicht wieder ganz überraschend am helllichten Tag überfallen.

Diese Liste lohnt es nun zu studieren. Denn vielleicht haben sich ja einige Dinge schon erledigt. Die angefangene Hose besteht vielleicht aus einem Stoff, den ich heute gar nicht mehr tragen möchte. Das Beet hat sich selber so schön mit Wildpflanzen bepflanzt, die dazu noch essbar sind, dass ich da mal abwarten kann, was sich noch so entwickelt.

Auf diese Art und Weise kann man manche Punkte schon einfach streichen. Was von der Liste gestrichen wird, sollte auch in der Wirklichkeit entfernt werden. Den Stoff der Hose kann ich also verschenken. Vielleicht ist es auch ein Naturstoff und er kann auf den Kompost. Denn damit ist das Projekt wirklich abgeschlossen. Sonst stolpert man ja doch immer wieder drüber.

Nachdem die Liste also so durchforstet ist, werden immer noch einige Punkte übrigbleiben. Da kannst du jetzt gucken, wie du es machen willst: Nimmst du dir einen Punkt pro Tag oder einen pro Woche vor?

Mein Tipp: Starte mit der Sache, die dir schon am meisten auf dem Magen liegt. Wenn die nämlich abgehakt ist, dann gibt das schon eine immense Erleichterung und es wird Energie frei für die anderen Punkte. Und ehe du dich versiehst, sind alle abgehakt. Das ist dann ein wirklich befreiendes Gefühl. Dann ist man fertig und vorbereitet auf das, was das Leben noch so bringt.

Wenn das jetzt leichter gelesen als getan ist, weil die „Unvollendeten“, die noch auf der Liste stehen geblieben sind, echt große Batzen sind, dann wird das nächste Kapitel weiterhelfen.

> *Um fertig und vorbereitet zu sein, muss man andere Dinge abschließen oder beenden. Mache dich auf der Suche nach „Unvollendeten“, die dir Energie rauben.*

Klitzekleine Trainingsschritte

Im Training ist die Idee, dass man in so kleinen Schritten trainiert, dass der Hund im besten Falle gar nicht merkt, dass er trainiert wird. Ich baue mir also zu meinem Trainingsziel, das ich im Kopf habe, ganz viele Zwischenschritte ein. Das ist natürlich eine Übungssache und für einen Anfänger in Sachen Training zunächst gar nicht so einfach.

Überhaupt ist es nicht einfach für die meisten Menschen, den Weg von A nach Z (wir erinnern uns: vom Ausgangspunkt zum Ziel) in kleine Schritte zu unterteilen (siehe S. 26). Die angehenden Hundetrainer fordern wir dann immer damit heraus, dass sie zehn Schritte auf dem Weg zum Endverhalten formulieren sollen. Stehen die dann fest, ist die nächste Herausforderung, jeweils zwischen zwei Schritten fünf Zwischenschritte einzubauen. Hat man das erst mal wirklich gemacht und damit das Prinzip verstanden, ist es wirklich ganz einfach. Man findet immer Zwischenschritte!

Das gilt natürlich auch fürs Leben. Nehmen wir uns also nochmal die „Unvollendeten" aus dem letzten Kapitel:

Jetzt haben wir da diesen Riesenbatzen vor uns, der uns schon nur bei dem Gedanken daran überfordert. (Da merkt man wieder schön den Energieraub.) Diese Überforderung blockiert uns. Wir schieben ihn in die hinterste Gedankenecke und wollen am liebsten nicht mehr dran denken. Das gelingt uns auch kurzzeitig, bis ... Und da ist sie wieder, diese Aufgabe, die wir schon so lange vor uns herschieben, die anzugehen uns aber unmöglich erscheint.

Hier verrate ich jetzt, wie man sich einer solchen Aufgabe mutig entgegenstellen kann, um sie dann endlich zu bezwingen.

Nimm dir also diese Aufgabe. Vielleicht stresst dich alleine schon der Gedanke. Aber keine Angst, sie wird dich nicht länger ärgern. Du zerteilst nämlich diese Aufgabe jetzt in klitzekleine Aufgäbchen. Wenn du magst, kannst du dabei ruhig eine gewisse Genugtuung empfinden. Denn diese Riesenaufgabe war damit die längste Zeit eine Riesenaufgabe gewesen. Ganz genüsslich kannst du sie in viele Einzelteile zerstückeln. Diese Einzelteile sollten so klein sein, dass du fast sofort das Bedürfnis verspürst, aufzuspringen, um sie gleich zu erledigen.

Nehmen wir ein Beispiel: Vielleicht hast du ja noch eine Rumpelkammer im Haus, die schon lange danach schreit, endlich aufgeräumt zu werden. Ein klit-

zekleiner Zwischenschritt könnte also heißen: Fünf Dinge rausnehmen und wegschmeißen.
Das ist doch leicht, oder? Du brauchst also nur die Türe aufzumachen, fünf Dinge zu greifen (oder noch besser – du nimmst die Mülltüte gleich mit) und zu entsorgen. Fertig!
Jetzt kommt deine wichtigste Aufgabe: Gehe zu deinem Plan und streiche den ersten Schritt genüsslich durch. Du darfst dich dafür ruhig feiern. Vielleicht siehst du dabei den nächsten kleinen Schritt und denkst dir, dass du den ja auch noch schnell erledigen kannst. Bevor du dich versiehst, hast du dann vielleicht schon drei Schritte von der Liste abgehakt. Ich hoffe, du machst das wirklich und empfindest diese Freude.
Ist dann alles erst einmal entrümpelt, dann könnte ein Schritt sein: Einen Quadratmeter sauber und ordentlich machen.
Du verstehst das Prinzip. „Aber das dauert ja dann ewig!", wirst du vielleicht denken. Wie schön, oder? Du kannst ewig Spaß haben mit deinen kleinen Schritten! Aber da muss ich dich enttäuschen: Irgendwann glänzt das Zimmer vor Ordnung und Sauberkeit und du darfst dir eine neue Aufgabe suchen.
Nein, Spaß beiseite: Lass es einen Monat dauern. Was ist ein Monat bei einer Rumpelkammer, die dir schon zehn Jahre auf dem Magen liegt?
Und eben, es soll ja wirklich Spaß machen. Da gibt es doch den schönen Satz „Der Weg ist das Ziel". Hier wird deutlich, was damit gemeint ist. Deine Aufgabe ist, ganz alleine dafür zu sorgen, dass die Schritte so klein sind, dass du sie so nebenbei in deinen Tagesablauf einbauen und damit wirklich dieses Erfolgserlebnis haben kannst.
Siehst du die enorme Power, die du hast? Du kannst dir die Riesenaufgabe vornehmen und immer weiter vor dir herschieben. Oder du kannst sie in kleine Aufgäbchen unterteilen und mit jeder erledigten Erfolgsgefühle und Freude spüren. Da wäre es doch eigentlich verrückt, wenn man sich für ersteres entscheiden würde, oder?
Mein Tipp: Lege das Buch beiseite und setze es sofort um. Man muss es tun, damit man es wirklich erleben und spüren kann.
Das, was für die „Unvollendeten" gilt, gilt natürlich auch für neue Pläne. Auch die kann man sich in klitzekleine Zwischenschritte unterteilen. Wenn ich zum Beispiel eine Buchidee umsetze, dann mache ich mir zuerst Gedanken über den Inhalt und damit die Inhaltsangabe. Das ist ein kreativer Prozess, dem ich

> *Du kannst dir eine Riesenaufgabe vornehmen und immer weiter vor dir herschieben. Oder du kannst sie in kleine Aufgäbchen unterteilen und mit jeder erledigten dieser Aufgabe Erfolgsgefühle und Freude spüren.*

seine Zeit lasse. Denn dann kommen immer wieder Ideen, die mitverarbeitet werden wollen. Diese Ideen sammle ich, und wenn ich das Gefühl habe, dass jetzt alles da ist, dann forme ich aus dieser Ideensammlung eine Inhaltsangabe. Damit ist das Buch so gut wie fertig. Dann kommt nämlich nur noch, zum Beispiel jeden Tag ein Kapitel zu schreiben. Oder es könnte ja auch eine Seite sein. Stell dir vor, du schreibst jeden Tag eine DIN-A4-Seite. Das ist echt nicht viel. Und schwupp: Bevor du dich versiehst, ist das Buch fertig.

So mache ich das. Denn das passt für mich. Ein anderer legt vielleicht sofort mit Schreiben los und ist währenddessen kreativ. Da wird es so viele unterschiedliche Herangehensweisen geben, wie es Menschen gibt. Aber das ist ja auch in Ordnung.

Und das, was wir hier am Beispiel des Buchs beschrieben haben, gilt für jeden Plan, den man im Leben umsetzen will.

Klitzekleine Schritte und man kann so viel erreichen. Ich habe mal die schönen Sätze gehört „Die meisten Menschen überschätzen, was sie an einem Tag machen können. Aber sie unterschätzen, was sie in einem Monat oder in einem Jahr schaffen können.“ Und den kann ich voll unterschreiben. Es ist ganz erstaunlich, was man mit den kleinen Schritten erreichen kann.

Hier möchte ich nochmal ein Beispiel bringen, damit du wirklich siehst, dass es für alle Pläne gilt. Stell dir vor, du hast dieses Jahr geplant, mit deiner Tochter und mit den Pferden in Urlaub zu fahren. Was wären so kleine Aufgäbchen, die erledigt werden müssen?

- Hänger in Ordnung bringen
- Location suchen
- Location buchen
- Menschensachen packen
- Pferdesachen packen
- Beste Route heraussuchen
- Route vorher abfahren
- Dabei Location besichtigen

Aufgaben, die zuhause in der Abwesenheit erledigt werden müssen, verteilen
Wichtige Telefonnummern heraussuchen (z. B. Tierarzt vor Ort).
So, das fällt mir hier auf die Schnelle ein. Wahrscheinlich wird diese Liste dann noch ergänzt werden. Denn wie alles im Leben entwickeln sich Listen auch.
Jetzt Zwischenschritte. Denn so ein Schritt wie „Hänger in Ordnung bringen“ kann ja schon riesig sein. Wie könnte diese Aufgabe also weiter unterteilt werden?

- TÜV überprüfen
- Bei Bedarf Termin festlegen

Das hat den Vorteil, dass dabei schon alle technischen Dinge überprüft werden und man das nicht selber machen muss. Kein Nachteil ohne Vorteil.
Ansonsten eben:

- Technik überprüfen
- Vollständigkeit überprüfen (Stricke, Karabiner, ...)
- Reparaturen notwendig?
- Sauber machen

Je nachdem, wie lange es noch bis zur Reise dauert und ob der Hänger vorher nochmal gebraucht wird (vielleicht zum Hängertraining?), kann man schon alles vorbereiten: Stroh und Heu rein und so weiter

Du siehst, man kann immer Zwischenschritte einbauen. Und das Schöne ist, wenn man das erst mal einige Male geübt hat, dann werden Aufgaben gar kein Problem mehr, weil sie immer leicht sind.

Das sorgt dann auch dafür, dass ich fast immer Zeit habe. „Fast immer", weil wenn ich einen Termin habe, dann habe ich eben den Termin. Aber ansonsten: Ob ich so einen kleinen Schritt jetzt oder später mache, wenn jetzt zum Beispiel eine Freundin zu Besuch kommt, macht das dann gar kein Problem.

Ich bin dann immer vorbereitet und habe Zeit, dann voll und ganz beim Besuch zu sein, weil ich keine Riesenaufgaben habe, die innerlich immer nach mir schreien und mich gar nicht meinen Kaffee genießen lassen. Solche Miniaufgaben kann man auch getrost einen Tag verschieben.

Das Schöne ist, dass das Durchführen der Miniaufgaben so selbstbelohnend ist, dass nicht die Gefahr besteht, dass man sie dann vergisst. Dafür gilt jedoch auch wieder: Das muss man erlebt haben! Versuche es also mal, das wirklich umzusetzen. Am besten beginnst du dabei mit der größten „Unvollendeten", falls du das bei der Anregung weiter oben noch nicht umgesetzt hast. Das bringt am meisten Energie und ist ein so großer Verstärker!

Auch hier haben wir jedoch die Parallele wieder zum Training. Im Training versuche ich immer wieder den Menschen zu vermitteln, ins Tun zu kommen. Man muss die Sache mit den Trainingsschritten umsetzen und erleben, um diese Power zu spüren. Zum Glück haben wir hier zum Buch die Traumlebensschule, also den Kurs, wo du das wirklich üben kannst und dann eben auch ins Tun kommst. Zusammen in einer Gruppe ist das immer leichter. Und man kann sich gegenseitig motivieren (siehe S. 150).

Geduld

Ich selbst hatte die allerwenigste Geduld, wenn es ums Training ging. Das hatte sein Gutes, denn dadurch wollte ich mich immer weiter verbessern, um schnell zu guten Ergebnissen zu kommen. Dadurch kam zum Beispiel auch die Idee vom SAVE-Training, um schnell Menschen zu helfen, die mit ihren Hunden Probleme bei Hundebegegnungen hatten.

Manchmal ist es also gar nicht schlimm, wenn man ungeduldig ist. Aber es gibt Dinge, die brauchen nun mal Geduld. Zum Beispiel geht die ganze Ausbildung eines Hundes nicht von jetzt auf gleich. Jeder, der nach einem alten Hund wieder einen Welpen bekommen hat, wird das nachvollziehen können. Es dauert, bis der Welpe all das kann, was bei dem alten Hund schon so lange Selbstverständlichkeit war. Gutes Training kann diese Zeit nur unwesentlich beeinflussen.

Als für mich im Lebensplan die Aufgabe anstand, Geduld zu lernen, beschäftigte ich mich wieder mehr mit Landwirtschaft und Garten. Hat man beispielsweise die Zeit für dicke Bohnen im Frühjahr verpasst, gibt es erst wieder im nächsten Jahr die Gelegenheit. Als nächste Stufe kamen dann die Bäume im Agroforst. Hatte ich also endlich meine Geduld auf ein Jahr ausgedehnt, musste ich sie jetzt noch weiter deutlich ausbauen. Ein Bäumchen braucht nun mal einige Jahre, bis es Früchte trägt. Seitdem ist auf jeden Fall meine Geduld in Sachen Training und auch in der Trainerausbildung um einiges gestiegen. Ich werde so schnell nicht mehr ungeduldig.

Allerdings sehe ich sehr viel Ungeduld in den Menschen, wenn es um ihr eigenes Leben geht. Diese Ungeduld führt oft dazu, dass man Dinge zu schnell wieder abbricht und nicht weiterverfolgt. Ich kenne dieses Gefühl nur zu gut aus der Zeit, bis meine Lebensschule mich das Thema gelehrt hat. Da hatte ich auch oft Gedanken wie „Das dauert ja ewig. Da habe ich gar keine Lust anzufangen“ und habe manches Mal den Mut verloren. Nun hat ja nicht jeder Landwirtschaft, Garten oder Bäume, deshalb hier einige Ideen zum Thema Geduld.

Jeder hat seine Lebensaufgabe. Und wie der Name schon sagt, handelt es sich um eine Lebensaufgabe. Man hat also ein Leben lang Zeit. Was sind also deine Talente und Visionen, die du der Welt mitgeben magst? Und wann fängst du mit dieser Lebensaufgabe an?

Eine sehr tiefe Erfahrung war für mich eine Übung, die ich hier gerne mit dir teilen möchte: Stelle dir vor, du liegst auf deinem Sterbebett. Voller Dankbarkeit überblickst du dein Leben und es kommt ein Gefühl des Triumphes: „Ich habe es geschafft! Ich habe mein Leben gelebt und meinen Beitrag geleistet! Ich habe anderen mit meinen Stärken geholfen! Ich bin dankbar und zufrieden und gehe voller Zuversicht und Neugierde meiner nächsten Aufgabe entgegen."
Nimm dir einige Zeit für diese Übung, damit du dich wirklich da hineindenken kannst.

- Worauf bist du stolz?
- Was hast du der Welt mitgegeben?

Für manch einen mag es erschreckend sein, über seinen Tod nachzudenken. Das ist mir bewusst. Allerdings finde ich es viel erschreckender, wenn man in der Situation dann denken muss „Ach, hätte ich doch ...!" So habe ich schon bei vielen erlebt, wie diese Übung Klarheit über ihr Lebensziel gebracht hat. Ist das der Fall, dann kann man es Schritt für Schritt ganz geduldig angehen. Denn es ist ein Lebenswerk.
So, wie wir im Training Geduld mit unserem Tier haben und ihm eben die Zeit geben, die es braucht, um eine Aufgabe zu lernen, so sollten wir diese Geduld auch uns selbst gegenüber haben. Denn wir können auch in kleinen Schritten Großes erreichen. Macht man sich jedoch gar nicht auf den Weg, dann passiert auch nichts.

„Du musst nicht großartig sein, um anzufangen, aber du musst anfangen, großartig zu sein."

Zig Ziglar

Die Kraft der Pausen

Im Training merken wir meistens, dass Pausen für uns arbeiten. Lasse ich dem Tier also nach einem guten Training eine Pause, dann kann ich später in der Regel einige Trainingsschritte überspringen. Es ist also fast so, als würde sich das Tier in der Pause „Gedanken machen“ und das Gelernte verarbeiten. Das ist natürlich Spekulation. Die Wissenschaft wird irgendwann herausfinden dürfen, welche Mechanismen da am Werk sind. Die Betonung liegt nämlich dabei auch auf „gutem Training“. Das ist die Voraussetzung. Sonst hat das Tier keine Chance, zu verstehen und man wird nach der Pause eher einige Schritte zurückgehen müssen. Wir können Pausen also sehr gut für uns im Training nutzen.

Im Leben bietet es sich auch an, darüber öfter nachzudenken. Sehr viele Menschen rödeln den ganzen Tag, sind ständig gestresst und bekommen doch nicht so viel umgesetzt. Auch da können Pausen sehr gut für uns arbeiten. Schließlich macht es die Natur auch wieder vor: Sommer und Winter, Tag und Nacht, überall finden wir die verschiedenen Rhythmen. Einer Phase der Energie folgt eine Phase der Entspannung. Für uns Menschen wissen wir, dass wir nicht nur den Tag- und Nachtrhythmus haben, sondern dass es auch über den Tag verteilt Hoch- und Tiefphasen gibt. Jeder hat also seinen Rhythmus, in dem er besonders leistungsfähig ist oder eben auch nicht und dann vielleicht besser eine Pause machen würde. Auch diese Pause arbeitet dann für uns.

Wenn ich in so einem Leistungstief Dinge erledigen will, ist das in der Regel sowieso nicht produktiv. Während dieser Zeit zu entspannen, vielleicht sogar mit einem Zehn-Minuten-Schlaf, bewirkt dann, dass ich danach wieder doppelt so produktiv sein kann. Leider sind solche Pausen in unserer Gesellschaft scheinbar verrufen. Da ich mir meinen Tag aber meistens so einteilen kann, wie es mir passt, mache ich durchaus solche Pausen. Dazu kann ich stundenlang ohne Social Media auskommen, was dann bewirkt, dass ich in einer Hochphase viel produktiver sein kann und mehr erreiche, als hätte ich durchgearbeitet. Vielleicht sollten wir das schlechte Gewissen bei solchen Pausen verlieren. Denn logischerweise müsste man eher ein schlechtes Gewissen haben, wenn man den ganzen Tag durchschafft, aber doch nichts schafft.

6.

Wir können nicht nicht trainieren

Wann immer wir mit unserem Tier zusammen sind, trainieren wir. Wir können gar nicht nicht trainieren. Viele Tierhalter denken, dass nur im Training trainiert wird, aber das stimmt nicht. Denn der Hund lernt die ganze Zeit und nicht nur, wenn wir bestimmen, wann er lernen soll. Jede Interaktion hat Auswirkungen.
Aufs Leben übertragen heißt das zweierlei. Wenn wir das Training mit dem Leben vergleichen, würde es heißen: Wir können nicht nicht leben. Das ist ein spannender Gedanke. Natürlich, wenn das Leben mal vorbei ist und wir auf die nächste Reise gehen, dann leben wir nicht mehr so, wie wir es gewohnt sind. Aber zu Lebzeiten gilt unser Satz. Und da kann man sich überlegen: Wie stellen wir das Leben für uns vor? Was verstehen wir darunter? Dann können wir vergleichen, ob es wirklich so ist. Ich stelle mir das Leben zum Beispiel als einen Ort der Freude und der Dankbarkeit vor. Es ist für mich so ein Geschenk, auf der Erde zu sein. Begegnet mir also eine Situation, die dem nicht entspricht, versuche ich daran etwas zu ändern. Da haben wir wieder viel mehr Möglichkeiten, als sich die meisten Menschen klar machen (siehe auch S. 13 „You've got the power!").
Da unser Gehirn aus drei Anteilen besteht, dem Reptilienhirn, dem Säugetierhirn und unserer Großhirnrinde, und da Reptilien- und Säugetierhirn über unser Unterbewusstsein einen riesigen Einfluss auf uns haben (sie steuern je nach Quelle bis zu 95% unseres Verhaltens), sehe ich es auch gerne so, dass wir unser Gehirn wie einen Hund trainieren können. Und aus dieser Perspektive wird es spannend. Denn auch da können wir nicht *nicht* trainieren.
Unser Gehirn lernt andauernd, in jedem Moment. Es lohnt sich, da mal etwas die Lupe draufzuhalten, was ich dem Gehirn als Lernstoff anbiete. So ist es für viele Menschen wichtig, die Tagesschau zu sehen oder Zeitung zu lesen, um zu wissen, was in der Welt los ist. Das scheint ja auf den ersten Blick ganz vernünftig. Macht man sich jedoch klar, dass für die Nachrichtenwelt nur schlechte Nachrichten gute Nachrichten sind, erkennt man auch schnell, dass man dadurch ein sehr schlechtes Bild von der Welt oder den Menschen bekommt. Das ist also nicht neutral, sondern es werden gezielt die Katastrophenmeldungen – inzwischen der ganzen Welt – gebündelt an einem Ort zusammengetragen. Will man das seinem Gehirn wirklich zumuten? „Aber ich muss doch wissen, was in der Welt vorgeht!" mag jetzt manch einer denken. Das mag ein guter Vorsatz sein. Aber ob es dazu so sinnvoll ist, sich nur die schlechten Neuigkeiten anzuschauen? Das gibt ein sehr einseitiges Bild. Und es hat Einfluss auf unser Unterbewusstsein, und das viel mehr, als wir denken.

Ich passe also auf, welche Bilder ich meinem Reptilien- und Säugetierhirn präsentiere. Dazu haben wir schließlich die Großhirnrinde. Damit können wir solche Zusammenhänge erkennen. Ich passe auch auf, welche Gedanken ich meinen beiden niederen Gehirnteilen präsentiere. Denn auch das hat einen riesigen Einfluss. Diese Art der Gedankenhygiene ist entscheidend für viele unterbewusste Vorgänge. Sie ist entscheidend dafür, ob mir das Leben Energie raubt oder Energie bringt. Will ich mein Leben also gerne freudig und in Dankbarkeit führen, dann achte ich darauf, wo es Energieräuber gibt. Vergleichen wir unsere Lebensfreude mit einem gefüllten Eimer Wasser, dann sind die Energieräuber Löcher im Eimer. Die gilt es zu schließen. Kennst du das Gefühl des Ausgelaugtseins? Dann gibt es irgendwo Energieräuber, die es zu entdecken gilt. Wenn wir die mit der Zeit beseitigen, und das können wir uns auch zu einer Gewohnheit machen, dann können wir immer freudiger und mit mehr und mehr Energie durchs Leben gehen. Ja, wir haben da tatsächlich Einfluss drauf, nämlich zum einen durch die Gedankenhygiene und auch dadurch, dass wir unser Gehirn auch ganz gezielt trainieren können.

> *„Unser Gehirn lernt in jedem Moment. Wir sollten also darauf achten, was wir ihm an Lernstoff anbieten."*

Es lernt ja sowieso in jedem Augenblick. Wie beim Zusammensein mit dem Tier gibt es keinen Augenblick, in dem das Gehirn nicht lernt. Auch da tappen wir nämlich viel zu gerne in die Falle zu glauben, das Gehirn würde nur lernen, wenn wir uns das gezielt vornehmen und zum Beispiel für eine Prüfung lernen. Aber dem ist nicht so. Wir dürfen also die Verantwortung dafür tragen lernen, was wir unserem Gehirn zumuten.
Da passt der Satz von Viktor Frankl „Zwischen Stimulus und Reaktion da liegt ein Raum. Und in diesem Raum haben wir die Wahl". Viktor Frankl hat diese spannenden Zusammenhänge, die wir vom Training gelernt haben, im Konzentrationslager gelernt. Wenn diese Prinzipien also auch da ihre Gültigkeit haben und ihm zum Überleben halfen, dann glaube ich, darf keiner mehr die Ausrede haben, dass das in seinem Leben nicht gilt.
Man darf es entwickeln. Dieses Können macht dann das Leben so viel reicher, als es alles Geld der Welt machen könnte.

Erwartungen

Wenn wir auch uns selbst nicht nicht trainieren können, dann lohnt es sich, einen Blick auf die Erwartungen zu werfen. Auch das ist im Tiertraining immer wieder Thema.
So haben wir im Tiertraining den schönen Satz (auch wieder von Bob Bailey): „Wir dürfen von unserem Hund nur das erwarten, was wir ihm auch beigebracht haben!"
Das Verstehen dieses Prinzips öffnet so manch einem Hundehalter die Augen. Nehmen wir das Beispiel „sofort". Wir verlangen, dass der Hund gehorcht, und zwar sofort. Aber wer hat das seinem Hund schon beigebracht? Ein Mensch versteht die Bedeutung des Wortes ... wenn er unsere Sprache spricht. Das wird schon schwierig, wenn wir einen Ausländer vor uns und kein Lexikon oder keinen Dolmetscher bei uns haben. Wie wollen wir ihm das Wörtchen „sofort" verständlich machen? Überleg das mal! Und wenn das schon eine Herausforderung ist, wie geht das dann erst bei einem Hund? Dennoch erwarten wir es. Können wir aber nur das erwarten, was wir dem Hund beigebracht haben, dann sollten wir uns dazu mal Gedanken machen. Sobald die Hundehalter das verstehen, werden sie etwas einfühlsamer mit ihrem Tier.
Falls du dir jetzt den Kopf darüber zerbrochen hast, wie das gehen soll, hier die Antwort: Man trainiert mit Zeitfenstern. Bis der Hund das Verhalten gut beherrscht, hat er ein relativ langes Zeitfenster, es zu zeigen. Das wird immer weiter geschlossen. Anfangs sage ich also zum Beispiel „Sitz" und der Hund wird belohnt, wenn er sich innerhalb von drei Sekunden setzt. Mit der Zeit schließe ich das Zeitfenster. Ein ausgebildeter Hund würde für ein „Sitz" in drei Sekunden keine Belohnung mehr bekommen, sondern nur, wenn er sich eben sofort setzt.
Aber eigentlich geht es ja um die Erwartungen hier. Wenn wir vom Hund nur das erwarten können, was wir ihm auch beigebracht haben, dann sollte das doch erst recht für uns Menschen gelten. Das trifft zum einen auf die Situationen zu, in denen ich jemandem etwas beibringen will. Das muss ich erst einmal schaffen. In der Hundeschule liegt das in meiner Verantwortung als Trainer. Versteht der Hundehalter nicht, was ich ihm beibringen will, dann muss ich mein Verhalten ändern und einen anderen Weg finden, es ihm deutlich zu machen.

Dasselbe gilt übrigens für die Lehrer in der Schule. Es wäre an ihnen, ihr Verhalten zu ändern, wenn die Schüler es nicht lernen. Aber es wird immer von den Schülern erwartet. Und da sind wir wieder: Wir dürfen nur das erwarten, was wir auch beigebracht haben! Das gilt da ganz genauso.

Wo es aber auch so gilt, ist bei uns selber. Ich erlebe immer wieder, dass Menschen sich unter Druck setzen, weil sie zu viel von sich erwarten, ohne dass sie sich die Chance geben, es erst mal in kleinen Schritten zu lernen (siehe S. 78 „Klitzekleine Trainingsschritte).

In welchen Bereichen deines Lebens erwartest du zu viel von dir? Wo hast du den Eindruck, du seist nicht gut genug?

Das ist gar nicht verwunderlich, sondern schon ein ganz altes Programm in unserem Reptiliengehirn. Eigentlich will es uns damit schützen. Etwas Neues ist nämlich potenziell gefährlich und unser Reptiliengehirn versucht immer, uns davor zu bewahren. Tief im Unterbewusstsein kommen dann so Gedanken wie „Ich bin nicht gut genug. Ich werde versagen. Ich werde aus der Gruppe ausgestoßen. Dann bin ich ganz alleine und werde sterben." Das mag bewusst etwas übertrieben klingen. Aber dieses Programm war über Jahrtausende überlebenswichtig. Unser Schulsystem ist da leider auch nicht sehr hilfreich, denn dort wird eher Öl ins Feuer gegossen. Lehrer oder auch Eltern versuchen den Kindern meist zu vermitteln, dass sie noch nicht gut genug sind. In der Schule konzentriert sich alles auf Fehler. Stattdessen sollten die Schüler besser diese Zusammenhänge verstehen lernen und es sollten ihnen Werkzeuge an die Hand gegeben werden, die Bemühungen des Reptiliengehirns liebevoll anzuerkennen, aber trotzdem Neues zu wagen und Fehler lieben zu lernen.

Momentan ist es leider so, dass wir dieses „nicht gut genug sein" auf jeder Ausbildungsstufe finden. So hat der Hundehalter seine Zweifel an sich selbst, genauso wie jemand, der gerne Hundetrainer werden möchte. Hat er dann die Ausbildung mit Zertifikat bestanden, sind die Zweifel nicht etwa weg, sondern es kommen neue.

Mich hat einmal ein angehender Hundetrainer ganz verträumt angeschaut: „Ich wüsste mal zu gerne, wie es sich anfühlt, wenn man alles weiß!" Da musste ich laut lachen und ihm leider erklären, dass das hoffentlich nie der Fall sein wird. Je mehr man weiß, desto mehr weiß man nämlich auch, was man noch alles nicht weiß. Das hat die Natur eigentlich wieder ganz schön weise eingerichtet. Sonst würde man wohl überhaupt nicht starten. In dem Moment, wo man meint, man wüsste alles, kann man sich eigentlich immer sicher sein, dass man noch ganz am Anfang steht. Aber das nur so nebenbei.

Bleiben wir bei dem Gefühl, nicht gut genug zu sein. Der erfahrene Hundetrainer bekommt dann Zweifel, warum er es nicht schafft, den Hundehaltern zu erklären, wie sie es richtig machen. Wir haben diese Zweifel also auf jeder Stufe (außer vielleicht ganz zu Beginn, wenn man noch nichts weiß).

Diese Zweifel haben ja auch etwas Gutes. Denn sie sind ein Antrieb, uns immer weiter zu entwickeln. Das ist wieder ein Prinzip der Natur: ständige Weiterentwicklung.

Wir dürfen also unsere Zweifel als Ruf zu Weiterentwicklung verstehen lernen. Wir dürfen unser Reptiliengehirn für seine Versuche, uns zu schützen, liebevoll anerkennen. Und wir dürfen uns dann mit dem Wissen unserer Großhirnrinde in klitzekleinen Trainingsschritten zu unserem Ziel bringen lassen, das wir dafür natürlich vorher definiert haben.

Unser Reptilien- und unser Säugetiergehirn dürfen dafür genauso kleine Trainingsschritte bekommen, wie wir auch unseren Hund trainieren würden. Das Schöne ist, dass wir genauso, wie wir einen Hund trainieren, unser Unterbewusstsein trainieren können. Wir können lernen, unser Gehirn an die Leine zu nehmen. Im nächsten Schritt gehört unser Großhirn übrigens auch dazu.

So hat Albert Einstein schön sinngemäß gesagt: Wir haben das Geschenk der Intuition und wir haben den Verstand als Diener. Wir leben aber in einer Gesellschaft, in der der Diener verehrt und das Geschenk missachtet wird.

Wir werden darauf noch im letzten Kapitel zu sprechen kommen.

Hier geht es jetzt erst einmal darum, dass wir unsere Gedanken erkennen und dass wir verstehen, dass es ganz normal ist, sich den Worst-Case-Fall vorzustellen. Wir können lernen, Fakten erkennen zu lernen. Das ist der Ausgangspunkt, von dem wir zu einem Ziel hinkommen können. Dann können wir diese Worst-Case-Gedanken ganz bewusst durch hilfreichere ersetzen. Und das alles in klitzekleinen Trainingsschritten!

Agieren und Reagieren

Für Hunde bedeutet es sehr viel Stress, wenn sie agieren und wir darauf reagieren. Hunde haben sich über Tausende von Jahren entwickelt, dass sie mitlaufen. Ich sage immer, sie sollten das letzte Rad am Wagen sein. Vielen Hundehaltern fällt das sehr schwer, weil sie ihren Liebling so gerne in den Mittelpunkt setzen. Damit setzen wir die Hunde jedoch auf ein Podest, wo sie nicht hingehören.

Um die Auswirkung deutlich zu machen – weil die Leute bis zu dem Moment immer noch nicht verstehen, warum es schädlich sein sollte, die Hunde auf ein solches Podest zu setzen – bringe ich dann folgendes Beispiel: Das ist so ähnlich, als müsstet ihr morgen Bundeskanzler sein. Vielleicht ist man da zunächst ganz angetan von, weil man denkt „Toll, dann habe ich hohes Gehalt, einen eigenen Chauffeur ...“ und was einem sonst noch verlockend erscheint. Aber dann heißt es „Und morgen Nachmittag darfst du die Rede vor dem Parlament halten.“ Versetzt man sich in diese Situation hinein, dann bekommt man Herzklopfen und Stress allein von der Vorstellung.

So ist es für Hunde, die auf ein Podest gesetzt werden. In den allermeisten Fällen sind das auch sehr gestresste Hunde. Ich habe in meinem ganzen Hundetrainerleben erst zwei Hunde kennengelernt, die mit dieser Situation klarkamen. Der Mensch tut seinem Hund also etwas Gutes, wenn er ihn einfach nur mitlaufen lässt. Das heißt ja auch gar nicht, dass er ihn weniger liebhaben soll oder weniger verwöhnen darf. Er sollte es nur in der Weise machen, dass der Mensch agiert und der Hund reagiert. Damit wird dem Hund eine enorme Verantwortung genommen und er kann viel entspannter sein.

Für uns im wirklichen Leben gilt diesmal genau das Gegenteil. Der Mensch als Schöpferwesen ist zum Agieren geboren. Er bekommt Stress, wenn er immer nur reagieren kann.

„...sen ist zum Agieren geboren“

Beispiele gefällig? Stell dir einen Tag einer Mutter mit zwei Schulkindern vor. Vielleicht kennst du das ja aus eigener Erfahrung. Der Wecker ist das erste, auf das man reagieren muss. Dann geht es weiter: Kind eins will dies, Kind zwei will das. Sind sie dann in der Schule, müssen Dinge erledigt werden, die eigentlich schon längst erledigt sein sollten. Kommt zum Beispiel die Mahnung ins Haus, muss man die Rechnung endlich bezahlen. Kippt das Regal um, weil die Katze draufspringt, muss man es endlich ordentlich an der Wand befestigen. Aber zusätzlich alles wieder einräumen. Dadurch wird nicht getan, was eigentlich getan werden sollte, was dann auch wieder liegen bleibt, bis es wirklich dringend gemacht werden soll. Dann kommen schon die Kinder aus der Schule zurück. Sie wollen zu ihrem Nachmittagsunterricht gefahren werden. Auf dem Weg dahin geht das Öllämpchen im Auto an und man muss auch darauf schnell reagieren. Zum Glück liegt das Öl schon im Auto, weil das schon lange auf der Zu-tun-Liste stand, und so weiter.

Als Angestellter auf der Arbeit geht es ja nicht anders. Auch da muss man ständig reagieren und mit den immer höheren Anforderungen fertig werden. Kein Wunder, dass Stress schon so gut wie zum Normalzustand der Menschen geworden ist.

Gut, je nach Situation ist auch das Agieren stressig. Man muss dazu seine Komfortzone verlassen. Wenn wir aber gelernt haben, erwachsen zu sein, was für mich damit verbunden ist, Verantwortung zu übernehmen, dann bieten solche Situation sehr viel Wachstumspotenzial. Wie heißt es so schön: Wunder passieren außerhalb der Komfortzone!

Beim Reagieren leben wir in der Vergangenheit. Unsere Vergangenheit holt uns immer wieder ein. Das ist nicht nur meist sehr stressig, es hält uns auch an der Vergangenheit fest. Willst du etwas an deinem Leben ändern, dann darfst du vom Reagieren ins Agieren kommen.

Ich finde es gerade sehr spannend, dass es so viele Kunden mit gestressten Hunden gibt. Um dem Hund zu helfen, dürfen sie lernen, ins Agieren zu kommen. Damit ist dann nicht nur dem Hund geholfen, sondern auch den Menschen.

> *Wunder passieren außerhalb der Komfortzone!*

Da sieht man mal wieder, wie sehr die Tiere eigentlich unsere Lehrer sind. Wir Menschen denken oft, wir wären den Tieren so weit überlegen. Dabei kommen die Tiere immer als unsere Lehrmeister in unser Leben.
Jeder hat immer den Hund, den er braucht, um auf das nächste Level des Lebens zu kommen. Da kommt der gestresste Hund, bei dem sein Mensch lernen darf, ins Agieren zu kommen; da kommt der nervige Hund, bei dem sein Mensch lernen darf, „Nein" zu sagen und dann kommt der unaufmerksame Hund, bei dem der Mensch lernen darf, sich selber zu finden.
Es ist einfach so spannend!

„Jeder hat immer den Hund, den er braucht, um auf das nächste Level des Lebens zu kommen."

Aber zurück zum Agieren: Wie schafft man es jetzt, vom Reagieren ins Agieren zu kommen? Das Wichtigste ist, dass man weiß, wo man hinmöchte. Da sind wir wieder bei unseren Lebenszielen (siehe S. 26). Ist das klar, dann darf ich neue Rituale und damit neue Gewohnheiten in meinen Tag einbauen.

Also: Ich habe ein Ziel, eine Vision. Wenn ich etwas aber nur im Kopf habe, bringt das nicht viel. Hast du schon mal positives Denken versucht und es hat sich trotzdem nichts verändert?
Das liegt daran, dass wir mit unserem Verstand nur 5% unseres Verhaltens steuern. Ich kann also positiv denken, soviel ich will, damit werde ich nichts „gegen den Willen" des 95% Unterbewusstseins verändern.
Das Unterbewusstsein ist ganz viel in unserem Körper gespeichert. Man kann sich das so vorstellen, als seien die Gedanken nicht greifbare geistige Formen. Die werden aber dann im Körper in Chemikalien umgewandelt. Diese Chemikalien – Neurotransmitter und Hormone – bewirken dann unsere Gefühle. Die bestimmen unser Handeln und dieses wiederum die Ergebnisse. Da sind wir wieder bei unserem Potenzialkreislauf (siehe S. 65).
Wir dürfen also neue Gedanken denken, um neue Gefühle zu kreieren, die dann wieder neue Taten folgen lassen mit anderen Ergebnissen. Dem Lebensziel kommt also wahrscheinlich noch eine viel wichtigere Bedeutung zu,

als wir es ahnen. Wir Menschen sind damit dazu gemacht, schöpferisch tätig zu sein!
Genauso, wie wir nicht nicht trainieren können, können wir nicht nicht schöpfen. Die Entscheidung, ob wir dabei dasselbe schöpfen, wie wir es in der Vergangenheit schon hatten, oder ob wir was Neues in unserem Leben erschaffen wollen, liegt dabei an uns. Das ist der Unterschied zwischen Agieren und Reagieren.
Da das Unterbewusstsein zum großen Teil im Körper zu finden ist, ist es auch verständlich, weshalb wir lernen dürfen, unseren Körper immer mehr mit einzubeziehen im Leben.
Wenn der Verstand etwas weiß, nennt man das Wissen. Wenn der Körper etwas weiß, dann ist das Erfahrung. Und wenn Körper und Verstand im Team arbeiten, entsteht Weisheit.
Gerade diese Zusammenarbeit ist so wichtig. In unserer heutigen Zeit ist das Gleichgewicht da sehr in Richtung Verstand verschoben. Man sagt ja auch, dass wir in einer Wissensgesellschaft leben. Auf der anderen Seite kann man fast sagen, dass der Körper sich zurückbildet. Wie viele Kinder können heute nicht mehr aufrecht mit ausgestreckten Beinen auf dem Boden sitzen oder rückwärts joggen? Ich finde das immer wieder erschreckend.
Auch von mir kann ich sagen, dass ich immer ein Verstandesmensch war. Der Körper war dagegen sehr rudimentär entwickelt in seinen Fähigkeiten. Irgendwann haben wir in der Tierakademie aber gemerkt, dass unser Körper wichtig ist fürs Training. Damit begann eine spannende Reise zum eigenen Ich, ohne die dieses Buch nie entstanden wäre.
Meine bisherigen Bücher waren Verstandesbücher. Hier kommen Körper und Geist zusammen.

„Wenn der Verstand etwas weiß, nennt man das Wissen. Wenn der Körper etwas weiß, dann ist das Erfahrung. Und wenn Körper und Verstand im Team arbeiten, entsteht Weisheit.“

Flexibilität

Der Satz von Bob Bailey „Willst du das Verhalten deines Gegenübers ändern, musst du dein eigenes Verhalten ändern“ passt für so viele Dinge im Leben.
Es geht immer wieder darum, dass wir lernen, unser Verhalten zu ändern und dass wir lernen, flexibel zu sein. Der Lohn ist, dass man dann für jede Lebenssituation vorbereitet ist. Dann kann ich im Agieren bleiben, egal, was das Außen vorgibt. Denn wenn ich in einer bestimmten Situation bewusst mein Verhalten auf ein neues Ziel hin ändern kann, bleibe ich Herr der Lage und verfalle nicht ins Reagieren.
Im Training darf ich mich also immer wieder flexibel auf die jeweilige Situation mit meinem Tier einstellen. Nehmen wir an, ich habe einen Trainingsplan und bin bei Schritt 18, dann kommt aber eine Ablenkung, unter der Schritt 18 noch nicht gezeigt werden kann, dann darf ich zu dem Schritt wechseln, der auch unter der Ablenkung noch funktioniert. Das könnte zum Beispiel Schritt 2 sein. Es kann aber auch sein, dass ich meinen Plan in der Situation ändern und einfach nur die Situation managen muss. Das erfordert Flexibilität.
Für den Menschen als Gewohnheitstier ist das jedes Mal eine Herausforderung. Das heißt nämlich, dass man alte Muster und Gewohnheiten durchbrechen muss. Das Gute ist aber, dass man Flexibilität zur Gewohnheit machen kann.
In unserem Kurs „Einfach mal Verhalten ändern“ (siehe S. 150) üben wir das für 14 Tage. Dabei wird schon deutlich, dass man es wirklich üben kann.
Die Flexibilität des Verstandes wird wieder ganz entscheidend von der Flexibilität des Körpers beeinflusst. Da sind wir wieder bei der Körperwahrnehmung und bei der Wichtigkeit, seinen Körper mit ins Leben einzubeziehen.
Ich hätte früher nie gedacht, dass ich mal so etwas schreiben würde. Ich war so überzeugt von meinem „brillanten Verstand“, dass ich mir sicher war, dass an dem Satz „Nur in einem gesunden Körper wohnt ein gesunder Verstand“, etwas nicht stimmen könnte. Dachte ich ...
Bis ich mich entschloss, das einfach mal zu überprüfen. Schließlich bin ich ein neugieriger Mensch. Inzwischen

habe ich so viel Beweglichkeit und Stabilität in meinem Körper wie noch nie zuvor in meinem Leben.

Echte Flexibilität bedeutet dann auch, dass ich meine Essgewohnheiten ändern kann. So esse ich schon seit vielen Jahren so gut wie keinen Zucker mehr. Ich kann vier Wochen lang Kaffee trinken, aber dann auch problemlos auf vier Wochen Tee wechseln. Wenn Körper und Verstand wirklich zusammenarbeiten, dann ist das schon ein sehr besonderes Gefühl von „sein Leben im Griff zu haben." Das habe ich aber erst festgestellt, nachdem ich es wirklich getan habe. Da sind wir wieder beim Tun (siehe S. 61). Vorher wusste ich gar nicht, was ich nicht weiß. Auf dem Level meiner früheren Persönlichkeit konnte ich das gar nicht erkennen. Aber von dem nächsten Level aus betrachtet ist es auf einmal ganz klar. Das Leben ist einfach spannend!

7.

Wertungen

Auch Wertungen und was damit zusammenhängt sind ein spannendes Thema, das uns im Training immer wieder begegnet. Wann immer wir es mit einer Form der Leistung zu tun haben, tappen wir sehr schnell in die Wertungsfalle. Im Hundetraining haben wir natürlich gleich mehrere Leistungen, nämlich die des Hundes und die des Hundehalters. Hat man im Hundebereich sportliche Ambitionen, wird das nochmal verstärkt, weil da ja auch immer bewertet wird.

Richtig und Falsch

Wir sind schnell dabei, Verhalten vom Hund oder auch von uns selbst (und von anderen noch viel eher) als richtig oder falsch zu bewerten (siehe auch „Etiketten", S. 45). Das wäre vielleicht gar nicht mal ein Problem, wenn diese Worte nicht so einen großen emotionalen Ballast hätten.
Sehen wir uns das „Falsch" einmal an. Weil die Zusammenarbeit von Körper und Verstand so wichtig ist, können wir uns dem von Verstandesseite nähern, aber wir sollten auch aufs Körpergefühl achten.
Was macht es mit dir, wenn du das Wörtchen „falsch" hörst? Welche Erinnerungen kommen auf? Vielleicht der Rotstift in der Schule oder eine Situation an der Tafel? (Es ist ja auch bezeichnend, dass die meisten Menschen, die ich das frage, erst einmal an die Schulzeit denken.) Und dann kommen wir in die Hundeschule und hören vielleicht wieder, was wir falsch machen ...
Es dürfte also nicht schwerfallen, sich eine entsprechende Situation vorzustellen. Wo fühlst du das im Körper? Versuche dich also wirklich, in so eine Situation hineinzuversetzen und fühle intensiv und aufmerksam rein in deinen Körper. Wo spürst du was? Was passiert? Sag dir mal vielleicht in steigender Intensität: „Falsch, falsch, falsch". Für die meisten Menschen ist das kein schönes Gefühl. Es zieht sich entweder etwas im Bauch zusammen oder es drückt auf der Brust und engt irgendwie ein. Da zeigt sich die Körpererfahrung im Zusammenhang mit dem Falsch. Wenn ich mir jetzt vornehme, nicht werten zu wollen, dann kann ich mir das von meinem Verstand sagen, womit wir wieder bei den kleinen 5% Bewusstsein wären. Meinen Körper ändere ich damit aber nicht. Er wird immer noch dieselben Reaktionen auf dieses Wort haben. Wie sieht es bei „richtig" aus? Stellen wir uns also eine solche Situation vor.

Wir haben etwas richtig gemacht und werden dafür gelobt. Ja, das fühlt sich gut an. Aber es schmeichelt auch unserem Ego. Es verstärkt das Ego. Mit dem Ego ist es so eine Sache. Es neigt dazu, sich zu verselbstständigen und dann immer nach solchen Gefühlen zu streben. Dann lassen wir uns schnell von unserem Ego steuern. Hat das Ego einmal gelernt, was sich lohnt, wird es das wieder tun. Wir laufen damit auf Autopilot. Das Schlimme daran ist auch, dass das Ego so dominant ist und sein Wollen durchsetzt. Die leise Stimme der Seele hat dann keine Chance mehr.
Für mich ist das Ego mein Verstand, der nach den biologischen Gesetzmäßigkeiten funktioniert. Er wird eben gesteuert von den Neurotransmittern und Verknüpfungen. Da gelten auch die Gesetze der operanten Konditionierung. Was sich lohnt, wird wieder gemacht.
Die innere Stimme ist da anders. Sie ist nicht körperlich gebunden und damit auch nicht abhängig von Belohnungssystemen. Sie kann bei einem Ziel bleiben, auch wenn sich das lange nicht lohnt. Die innere Stimme lässt sich durch Nicht-Beachten nicht löschen, wie man ein Verhalten löschen kann. Sie kommt zwischendurch immer wieder und erinnert uns.
Aber das Ego übertönt sie immer wieder. Nicht umsonst ist es in allen Weisheitstraditionen eine Aufgabe, das Ego zu überwinden.
So hörte ich einmal den Satz: „Bist du der Beste in einem Raum, dann verlasse ihn so schnell wie möglich.“ Ich weiß leider nicht mehr, vom wem dieser Satz stammte, aber er macht es auch sehr deutlich. Das Ego ist ein Thema, mit dem ich mich als erfolgreiche Buchautorin schon intensiv beschäftigen durfte. Ich weiß noch, wie ich anfangs auf jede Rezension geschaut habe. Meistens waren sie positiv und haben dann dem Ego geschmeichelt. Manchmal gab es auch Kritik. Über die habe ich mich dann anfangs geärgert. Irgendwann habe ich aber erkannt, dass es gar nicht darauf ankommt, was andere von meiner Arbeit halten. Im Gegenteil. Denn wenn ich darauf hören würde, würde ich anfangen, Bücher für das Gefallen der anderen zu schreiben und nicht mehr, weil sie aus mir rauswollen.
Nun aber wieder zurück zu unserem Thema. Wir sehen also, wie sehr die kleinen Worte „richtig“ und „falsch“ mit Emotionen beladen sind.
Sehen wir uns jetzt nochmal eine Trainingssituation an:
Wir sagen immer „Emotionen haben im Training nichts zu suchen!“ Das mag sehr hart klingen und das heißt auch nicht, dass man sich nicht freuen darf, sondern hat eher mit den oben beschriebenen Emotionen zu tun.

Wenn Trainer oder ihre Tiere einen vermeintlichen Fehler machen, dann ärgern sie sich. Mit dem Ärger geht einher, dass sie nicht mehr im Hier und Jetzt sind und damit die kostbare Trainingszeit verpassen. Das soll nicht heißen, dass man seinen Ärger unterdrücken sollte. Das führt in der Regel noch weiter vom Hier und Jetzt weg. Viel besser unterbreche ich das Training dann, ärgere mich, bis ich mich ausgeärgert habe und gehe dann wieder ins Training. Ist man dann irgendwann die Version 2.0 seiner selbst, muss man sich auch nicht mehr ärgern. Aber das ändert man nicht in der Situation. Wie Albert Einstein schon sagte: Wir können ein Problem nicht herauslösen aus der Ebene, wo es entstanden ist.

Dasselbe gilt auch wieder, wenn man gut trainiert. Auch das Ego kann einen aus dem Hier und Jetzt rausbringen, besonders, wenn man anderen etwas vortrainiert.

Wie gesagt, echte Freude ist etwas anderes und die darf man natürlich zeigen! Denn das nimmt das Tier auch wahr und das ist oft noch ein viel besserer Verstärker als jedes Leckerchen.

Eine andere Sichtweise auf Fehler ist, dass sie ja letztendlich Botschaften sind und uns wertvolle Informationen geben. An was darf ich noch arbeiten? Was kann ich üben, um mein Training zu verbessern? Wir üben ganz viel handwerkliche Fähigkeiten außerhalb des Trainings aus diesem Grund. Macht das Tier einen Fehler, sagt es mir damit, was es noch nicht kann. Wo muss ich meinen Trainingsplan anpassen? Wo darf ich mein Verhalten ändern? Eigentlich kann ich also sehr dankbar für diese Informationen sein.

Das gilt natürlich auch wieder so sehr im echten Leben. Ein schönes Beispiel ist, dass sich so viele Menschen Gedanken darüber machen, ob eine Entscheidung falsch oder richtig ist. Wer will das beurteilen? Wer hat nicht eine angeblich falsche Entscheidung getroffen, die einen später so viel weitergebracht hat, durch die man so viel gelernt hat? War das also jetzt falsch oder richtig?

> *„Fehler sind Botschaften, die uns wertvolle Informationen geben."*

Weil das eigentlich meistens nicht zu beantworten ist, können wir die Wertungen auch weglassen. Alles ist, wie es ist und gibt uns damit bestimmte Informationen. Wir dürfen unser Verhalten ändern oder auch nicht und werden bestimmte Lernerfahrungen machen.

Sich vergleichen

Sehr verwandt mit der Bewertung ist das Vergleichen. Schon in der Welpenschule erzählen wir den Hundehaltern, dass sie sich nicht mit den anderen vergleichen sollen. Da hat der eine einen Border Collie, der an den Augen seines Menschen zu hängen scheint, um ihm jeden Wunsch zu erfüllen und ein anderer hat einen kleinen Terrier, der viel lieber alleine auf Entdeckungsreise geht. Da macht vielleicht der ein oder andere die Lernerfahrung, dass man sich seinen Hund besser nicht nach dem Aussehen, sondern eher nach dem Verhalten ausgesucht hätte. Aber so ist es jetzt nun mal. Ansonsten ist der Border Collie vielleicht etwas geräuschempfindlich, während neben dem Terrier eine Bombe explodieren könnte und es würde ihm nichts ausmachen.
Was ist denn jetzt besser? Auch das kann man wieder gar nicht sagen. Das ist, als würde man Äpfel mit Birnen vergleichen. Wir sind alle so unterschiedlich, unsere Hunde sind so unterschiedlich. Jedes Team ist einzigartig und ein Puzzleteil im großen Weltenbild.
Auch hier sieht man wieder schön, dass wir das auch im wirklichen Leben anwenden können. Auch da neigen viele Menschen dazu, sich mit anderen zu vergleichen. Und sehr oft ist das, was die anderen haben, natürlich viel besser als das, was man selber hat. Der oder die andere sieht besser aus, haben den besseren Beruf und so weiter. Das kann man ja so sehen, um sich damit Anregungen zu holen, wo man sich selber hin entwickeln kann. Wir dürfen schöpferisch tätig sein und können viel mehr erreichen, als wir denken.
Ob wir uns also in der „richtigen“ Art mit anderen vergleichen, erkennen wir daran, ob es uns Energie bringt oder Energie raubt. Wenn mich jemand durch irgend etwas inspiriert, dann bringt mir das Energie. Das ist fördernd für mein Weiterkommen. Raubt mir der Vergleich Energie, dann ist es eher hinderlich.
Das ist übrigens eine Möglichkeit, wie man auch mit dem Prinzip „Falsch und Richtig“ umgehen kann. Anstatt zu fragen „falsch“ oder „richtig“, fragt man besser: „energiebringend“ oder „energieraubend“? Da darf der Verstand dann nämlich auch wieder mit dem Körper zusammenarbeiten. Denn um das zu entscheiden, muss ich lernen, in mich hineinzuspüren. Damit verbinde ich mich mit meiner Körperweisheit. Wir kommen im letzten Kapitel noch darauf, was das alles für Vorteile hat.

Kritisch hinterfragen

Im Training ist es eine ganz wichtige Fähigkeit, dass man kritisch hinterfragen kann. Denn uns ist es natürlich völlig klar, was wir dem Hund beibringen wollen. Aber ob das beim Hund auch so ankommt, steht auf einem ganz anderen Blatt.

Es gibt so viele Möglichkeiten zu Missverständnissen: Sei es, dass unsere Körpersprache und unsere übrigen Signale sich widersprechen oder dass der Hund etwas anderes verknüpft hat, als wir uns denken. Schon unter Menschen ist es ja nicht so einfach, sich zu verstehen, was wir übrigens zum Anlass nehmen könnten, auch da öfter mal kritisch zu hinterfragen, so nach dem Motto „Hast du gemeint, dass ...?“ Dann gäbe es mit Sicherheit auch weniger Missverständnisse.

Aber hier soll es vor allem um das „kritische“ Hinterfragen gehen. Das heißt deswegen so, weil wir von vornherein annehmen, dass irgendetwas schiefläuft und wir rauszufinden versuchen, was es ist. Ist das nicht eine negative Einstellung? Vielleicht. Der Sinn dahinter ist, dass wir Kommunikationsprobleme so früh wie möglich aufdecken, damit das Training nicht in die falsche Richtung läuft.

Es geht also nicht darum, kritisch mit sich selber zu sein und um sich selber Vorwürfe zu machen, welche Fehler man wieder gemacht hat. Denn seltsamerweise sind in Selbstvorwürfen alle Trainer ganz groß. Es geht vielmehr darum, so früh wie möglich zu erkennen, wenn etwas für das Tier unklar ist. Wir wollen dem Hund also so viel Klarheit wie möglich geben.

Unser Freund und Mentor Bob Bailey stellte uns immer die Frage: „Are you better off now, than you were before?“ (Bis du jetzt weiter, als du es vorher warst?)

Denn wenn nicht, ist das auch wieder ein Hinweis dafür, früh genug sein Verhalten zu ändern, wobei uns wieder unsere Flexibilität hilft.

Im Leben können wir daraus lernen, auch da immer wieder zu hinterfragen, ob es uns schon besser geht als am Tag zuvor, ob wir unserem Ziel schon nähergekommen sind. Wenn nicht, können wir auch da unser Verhalten ändern.

Im Training beobachten wir unseren Hund, um möglichst schon das kleinste Zeichen zu erkennen, was er gelernt hat.

Im Leben können wir darauf gucken, wie wir die Welt sehen. Denn die Welt präsentiert sich uns so, wie wir sie sehen wollen. Das hatten wir ja auch schon

in Kapitel 5. „Moment“, wirst du jetzt vielleicht einwenden, „es gibt gerade so viel Schlechtes auf der Welt. Das will ich aber ganz gewiss nicht so sehen!“ Wirklich nicht? Jetzt sind wir auch wieder bei unseren 5% Bewusstsein und 95% Unterbewusstsein. Wie oft machst du dich selber schlecht? Wie oft redest du schlecht über andere?
Wir hatten ja weiter vorn schon das Beispiel der Gitarrensaite, die mitschwingt, obwohl sie gar nicht aktiv angeschlagen wurde.
Alles im Leben ist Schwingung. Das, was wir aussenden, ziehen wir auch an. Am besten beginnst du damit, dieses Prinzip an anderen zu beobachten. Da ist es nämlich viel leichter zu erkennen. Bist du dann überzeugt, kannst du bei dir selbst auch nochmal genauer hinschauen. Schön daran ist, dass wir damit auch vieles von unserem Unterbewusstsein kennenlernen können.
Da kann ich ein eindrucksvolles Beispiel aus meinem Leben erzählen: Ich durfte schon oft Vorträge vor sehr kritischen Zuhörern halten. Die Kritik spürte ich dann fast wie eine entgegenkommende Welle. Jetzt kann ich mich von dieser Schwingung verunsichern lassen. Oder ich kann diese Schwingung aufnehmen, umleiten und damit meine Position noch stärken, ähnlich wie im Kampfsport.
Wenn wir unser Denken ändern, ändern sich unsere Gefühle, damit ändern sich unsere Taten und deren Ergebnisse, aber auch die gesamte Umgebung. Hat man das mal so erlebt, dann ist es auch kein Glauben mehr, sondern ein Wissen. Das ist so spannend! Wenn man einmal entdeckt hat, wie man über sein Inneres sein Außen verändern kann, dann macht es immer mehr Spaß, schöpferisch tätig zu sein. Stückchen für Stückchen kann man sich dann sein Traumleben bauen.
Es lohnt sich also immer, mal kritisch zu hinterfragen und dabei auch ganz ehrlich zu sich selber zu sein. Was geht noch besser? Was ist noch nicht so, wie du es dir vorstellst?

> “*Alles im Leben ist Schwingung.*
> *Das, was wir aussenden, ziehen wir auch an.*”

Hier passt wieder die schöne Übung: Stell dir vor du liegst auf deinem Sterbebett. Jetzt versuche dich in diese Lage zu versetzen. Du blickst auf dein Leben zurück und bist richtig zufrieden mit dir. Du hast dein Leben bestmöglich gelebt. Du hast dich verwirklicht und damit die Welt zu einem etwas besseren Ort gemacht. Du hast dein Potenzial gelebt und bist jetzt bereit für neue Abenteuer.

Auf was blickst du zurück? Was willst du in deinem Leben gerne verwirklichen? Was willst du gerne erlebt haben? Notiere dir deine Gedanken und setze sie Schritt für Schritt um.

Sollte es für dich keine passende Übung sein, dir vorzustellen wie du auf dem Sterbebett liegst, dann erträume dir deine Zukunft. Auch da kannst du dir ja überlegen, was du gerne erreichen willst, Das haben wir ja auf S. 29 auch schon gehabt. Es ist nur wichtig, ab und zu wieder von einer höheren Perspektive aufs Leben zu gucken und zu entscheiden, ob noch alles geht, wie es gehen soll.

In der Landwirtschaft habe ich gelernt, dass ich *in* meinem Betrieb oder *an* meinem Betrieb arbeiten kann. Wenn ich im Betrieb arbeite, dann tue ich all die Dinge, die so täglich anstehen. Arbeite ich aber an meinem Betrieb, dann treffe ich Managemententscheidungen. Wenn ich im Betrieb arbeite, bringt mir das Mindestlohn, wenn ich am Betrieb arbeite, Managergehalt. Das natürlich nicht ausgezahlt, aber als Wert der Arbeitszeit.

So können wir das für unser Leben auch sehen. Wir können im Leben arbeiten, was bei den meisten Menschen nach Laufen im Hamsterrad aussieht, oder wir können am Leben arbeiten, dass wir eben aus diesem Hamsterrad rauskommen und uns unser Leben nach unseren Vorstellungen gestalten.

8.

Das Prinzip der Sicherheit – eine Illusion?

Jetzt kommen wir zu einem ganz spannenden Thema, nämlich Kontrolle und Sicherheit. Zu uns kommen die Menschen mit ihrem Hund in die Hundeschule, weil sie möchten, dass ihr Hund perfekt gehorcht, was natürlich auch unser Anspruch ist. Wir können dem Hund auch beibringen, dass er Verhalten sehr zuverlässig zeigt. Schwieriger wird es schon, das dem Halter beizubringen. Aber auch da haben wir nach all den Jahren eine Menge Werkzeuge.
Das Schwierigste zu unterrichten ist jedoch, dass es keine hundertprozentige Kontrolle gibt. Das liegt nicht daran, dass wir es über positive Verstärkung nicht trainieren könnten. Mit dieser Trainingstechnik ist es sogar noch viel eher möglich als über Training mit Zwang. Zum einen liegt das daran, dass Hunde „auch nur Menschen“ sind. Jeder macht mal Fehler. Zum anderen liegt es aber daran, dass hundertprozentige Kontrolle für uns im Leben nicht vorgesehen ist. Und das Paradoxe ist dann noch: Je mehr wir lernen, loszulassen, desto mehr Kontrolle können wir bekommen.
Ein Grund dafür ist, dass wir bekommen, was wir ausstrahlen. Stelle ich mir also vor „Der Hund kommt bestimmt jetzt nicht, wenn ich ihn rufe“, dann wird es auch mit hoher Wahrscheinlichkeit nicht funktionieren. Aber selbst, wenn ich da alles richtig mache und alles richtig trainiert habe, kann es mal sein, dass es nicht klappt. Die hundertprozentige Kontrolle ist also eine Illusion. Die werden wir nie haben.

> *„Je mehr wir lernen, loszulassen, desto mehr Kontrolle können wir bekommen.“*

Gerade diese Sicherheit und Kontrolle ist aber für die Menschen etwas ganz Wichtiges. Aber selbst, wenn ich den Hund an die Leine nehme, kann es sein, dass mir aus irgendeinem blöden Zufall die Leine aus der Hand fällt. Das hat bestimmt jeder schon erlebt. Und jetzt kommt es auf den Umgang mit einer solchen Situation an. Wenn ich mich auf die Illusion der Kontrolle verlasse, dann fällt eine Welt zusammen. Weiß ich aber, dass ich sowieso nie alles um mich herum kontrollieren kann, dann kann ich wieder viel schneller mein Verhalten ändern und das Beste aus der Situation machen. Mal wieder von Bob Bailey kommt der Satz: „Das Einzige, was du als Trainer wirklich kontrollieren kannst, ist dein eigenes Verhalten!“

Besser würde man da sagen „... was du als Trainer kontrollieren können solltest ...“, denn da hapert es ja meist schon dran.

Und genau da liegt das Problem: Wir wollen unseren Hund kontrollieren, aber haben unser eigenes Verhalten nicht unter Kontrolle. Und auch da unterliegen wir in der Regel der Illusion, dass wir uns natürlich unter Kontrolle haben! Oder? Natürlich hat man das! Jeder macht immer genau das, was er will und sich vorgenommen hat! Ich hoffe, du bist so ehrlich zu dir selber, dass du schon sehr wohl erkannt hast, dass das eigentlich nicht so ist.

Ansonsten schlage ich hier mal ein Experiment vor: Wie wäre es - wenn du dein Verhalten doch so sehr unter Kontrolle hast - dass du mal einfach 24 Stunden lang nichts isst. Sprich das mit deinem Arzt ab, ob da irgendetwas dagegensprechen würde. Aber eigentlich ist das kein Problem. Dann siehst du, wie es um die Kontrolle deines eigenen Verhaltens bestellt ist. Der erste halbe Tag wird vielleicht noch gehen. Dann kommt der Hunger. Und dann wird es spannend, seinem Reptilienhirn zuzuschauen. Es wird Alarm schreien! Im Säugetierhirn kommen alle möglichen Emotionen hoch. Man spürt Wut über eine so verrückte Idee oder auch Enttäuschung, weil man von sich gedacht hätte, dass es viel einfacher wäre. Aus dem Großhirn kommen dann „gute Argumente“, weshalb es sowieso eine ganz schlechte Idee war, ein solches Experiment zu machen. Vielleicht googelt man da sogar, was daran gefährlich ist, damit man einen guten Grund hat mit dem Quatsch aufzuhören. Wird man dann noch von jemandem zum Essen überredet, isst man einfach mit. Denn man möchte ja nicht unfreundlich sein und das Experiment, was ja eigentlich gar keins ist, weil man ja, wenn man wirklich gewollt auch gekonnt hätte, wird dann - wahrscheinlich nie - wiederholt. Anstatt dass wir uns ehrlich eingestehen, dass wir uns selber eben auch nicht unter Kontrolle haben, versuchen wir das zu kompensieren, indem wir unsere Umgebung kontrollieren wollen.

Eigentlich darf es umgekehrt sein. Wir dürfen lernen, dass wir uns selber kontrollieren und dann besteht gar keine Notwendigkeit mehr darin, die Umgebung kontrollieren zu müssen.

Denn dann fängt alles an zu fließen. Man bekommt genau die Aufgaben vom Leben gestellt, die man braucht, um sich zu entwickeln. Je nach Glaubenssatz wird das Arbeit oder kann ganz leicht gehen und Spaß machen. Wenn man versteht, dass sowieso alles im Fluss ist, kann man auch damit aufhören, so viel Energie damit zu verbringen, alles beim Alten halten und alles kontrollieren zu wollen. Und dann wird auf einmal so viel Energie frei für andere tolle Sachen.

Dann kann das Schöpfen losgehen. Das wirklich Gigantische ist, wenn man dann erlebt hat, wie sehr man die Kontrolle über sein Leben hat, wenn man sie aufgibt. Das ist wieder etwas, was man nur durchs Tun erfahren kann. Natürlich kannst du dir das durchlesen. Vielleicht hast du auch eine sehr gute Vorstellungskraft und bekommst eine Idee davon, aber wirklich erfahren wirst du es nur durchs Tun. Du darfst von Situation zu Situation mehr erfahren, wie du dein Leben nach deinen Vorstellungen gestalten kannst. Das fängt dann an, so viel Spaß zu machen, weil du merkst, was alles geht, dass du dir immer größere Dinge zutraust.

> *„Je mehr du die Kontrolle über dein Leben haben willst, desto mehr darfst du loslassen lernen."*

Loslassen lernen ist das Entscheidende. Auch wenn es paradox klingt: Je mehr du die Kontrolle über dein Leben haben willst, desto mehr darfst du loslassen lernen. Gerade die heutige Zeit gibt uns dafür so viel Übungsgelegenheit. Es ist wirklich die Zeit der Veränderung. Es kommt mir vor wie in einem starken Wind im Wasser. Entweder du lernst, die Wellen zu reiten, oder du wirst sehr durcheinandergeworfen. Das Schöne ist, dass wir die Wahl haben.

Die ganzheitliche Sichtweise

Ich hatte ja in den letzten Jahren das wundervolle Privileg, bei Allan Savory das Ganzheitliche Management kennen zu lernen. Und ja, in erster Linie scheint das erstmal etwas für die Landwirtschaft zu sein, aber eigentlich ist es für jedermann. Wie das, was wir hier von den Tieren und vom Training lernen, zunächst einmal für Hundehalter oder auch für andere Tierhalter zu sein scheint. Aber eigentlich kann jedermann davon profitieren.
Hier möchte ich mal das spannende Prinzip vorstellen, dass die Natur im Ganzen funktioniert. Denn das war für mich so ein Augenöffner.

Stellen wir uns also – nur um mal irgendwo zu beginnen, denn eigentlich gibt es keinen Startpunkt – ein Atom vor.
Unsere Umgebung und unser Körper bestehen aus lauter Atomen. Die Atome sind alle unterschiedlich und man kann sich gar nicht vorstellen, wie etwas so Unterschiedliches zusammenpassen kann. Aber dann formen mehrere Atome ein Molekül. Auf einer nächsten Ebene ist also etwas Neues entstanden, was ganz anders ist, aber eben alle Atome enthält. Dann haben wir da unterschiedliche Moleküle. So haben wir zum Beispiel ganz unterschiedliche Aminosäuren, die alle wieder sehr verschieden sind. Aber mehrere bis viele Aminosäuren zusammen bilden ein Eiweiß. Gerade diese Verschiedenheit der einzelnen Aminosäuren ist das Magische, denn dadurch entsteht diese ganz einzigartige Form des Eiweißes. Ähnlich geht es mit den Fetten und den Kohlehydraten. Wir haben also da völlig verschieden aussehende Stoffe, die sich so sehr unterscheiden, dass man sich zunächst überhaupt nicht vorstellen kann, wie die irgendwie zusammenpassen.
Auf der nächsten Ebene gibt es die Zellen. Dann entsteht daraus wiederum ein Gewebe oder ein Organ. Nun haben wir diese völlig verschiedenen Organe. Jedes für sich hat eine andere Funktion. Und wenn alle zusammenkommen, entwickelt sich daraus ein Körper. Aus einer Stufe entwickelt sich also durch Zusammenschluss etwas, was sich völlig von dieser Stufe unterscheidet. Wir sind also damit auf einer ganz anderen Ebene.
Dann schließen sich zwei Menschen zusammen und gründen eine Familie. Schon wieder sind wir damit auf einer anderen Ebene. Die Familie ist einfach als Ganzes etwas ganz anderes als die einzelnen Personen. Viele Familien bilden zusammen eine Gemeinde, ein Bundesland, einen Staat, eine Erde und ein Sonnensystem. Und hier hören wir auf, nicht, weil es da zu Ende ist, aber weil da so langsam die Wort ausgehen und auch die Vorstellungskraft.
Spannend ist aber das Prinzip: Scheinbar total unterschiedliche Dinge fügen sich zusammen und es entsteht etwas vollkommen Neues. Das ist ein Gesetz oder eine der vier Schlüsselerkenntnisse im Ganzheitlichen Management, wie Allan Savory das genannt hat.
Und das gilt noch viel weiter. Ich alleine habe meine Ideen. Auch Michaela und Lisa haben ihre Ideen. Und gemeinsam entsteht dann im Team daraus etwas ganz Unerwartetes, das aber viel besser ist als jedes für sich. Oder wenn ich auf mein Leben blicke: Ich habe Landwirtschaft gelernt, dann Tiermedizin und dann Tiertraining. Aus allen dreien gemeinsam entsteht gerade etwas, was

sich schon jetzt viel größer anfühlt als alles für sich alleine genommen. Auch da geht es jetzt wieder auf eine andere Ebene.
Das Faszinierende an diesem Prinzip ist, dass man aus der eigentlichen Ebene das gar noch nicht erkennen kann. Eher im Gegenteil. Man fragt sich eher: Wie kann so etwas zusammenpassen? Das erkennt man erst auf der nächsten Ebene und da wird es dann ganz klar. Wenn man dann zurückblickt, ist es logisch: Na klar entstehen aus Atomen Moleküle. Und dass aus Molekülen Gewebe und Organe entstehen, ist auch logisch – und so weiter.
Könnten wir uns aber jetzt in die Zeit der Ursuppe zurückversetzen, dann hätten wir nicht den Hauch einer Ahnung. Aus einer Ebene entsteht also durch Zusammenarbeit (auch ganz spannend) etwas ganz Neues, was man da noch gar nicht vorherzusehen konnte.
Da macht auch Albert Einsteins Aussage Sinn, dass man ein Problem nicht auf der Ebene, auf der es entstanden ist, lösen kann. Von der nächsten Ebene ist es etwas ganz anderes. Aber wir können das von der derzeitigen Ebene noch nicht voraussehen. Deshalb haben wir auch keine Kontrolle. Die Ebenen, die wir kennen, geben uns die Illusion der Kontrolle.
Wir können versuchen, mit Atomen rumzuexperimentieren. Die Entstehung der nächsten Ebene haben wir aber nicht unter Kontrolle. Da bleibt uns nichts anderes möglich, als uns darauf einzulassen und loszulassen. Das Erkennen dieser Gesetzmäßigkeiten gibt mir zumindest eine ganze Menge Vertrauen.
Jemand hat es so schön erklärt, dass wir uns das Leben wie eine große Spiraltreppe vorstellen können. Google dazu mal nach der Spiraltreppe im Museum im Vatikan. Die ist dafür perfekt passend. Nun ist es aber so, dass die Treppe für uns zu den größten Teilen im Dunkeln liegt, vor allem, was vor uns liegt. Es ist immer nur die Stufe hell erleuchtet, die unmittelbar vor uns liegt. Die können wir ohne Schwierigkeiten nehmen. Es ist aber typisch menschlich, dass – wenn man sich überhaupt verändern will – man immer schon erkennen will, was zehn Stufen weiter kommt. Da uns da keiner das Licht anmacht, gehen viele gar nicht los. Dabei läge die nächste Stufe so klar da. Wenn wir also immer nur den nächsten Schritt machen (das passt auch gut zu unseren klitzekleinen Lebensschritten), dann kommen wir richtig weit.
Zu der Ganzheitlichkeit gehört auch die Zusammenarbeit. Während uns noch mit Charles Darwin erklärt wurde, dass „survival of the fittest“ gilt, wissen wir heute längst, dass es eher um „survival of the fittingest“ geht, also um den, der sich am besten an die Umstände anpassen kann.

Alles ist immer auch das Gegenteil

Ich habe in meinem Leben schon so viel Training gesehen, das sich über alle Ausbildungsmethoden erstreckt. Wir waren bei den ersten, die das Klickertraining voranbrachten, weil wir überzeugt waren, dass nur so trainiert werden kann. Schließlich wollten wir für unsere Tiere das Beste. Nach all den Jahren sehe ich das etwas differenzierter.

Den Anstoß zu diesem Umdenken haben zwei Beobachtungen gegeben. Da hatten wir in der Hundeschule ein Team, das sehr schön miteinander gearbeitet hatte. Der Hund wurde von Anfang an über positive Verstärkung trainiert. Er war dadurch sehr feinfühlig. Seine Besitzerin hatte auch Erwartungen an ihn. Sie wollte bestimmte Dinge im Training erreichen. Wie wir Menschen so sind, verdrehte sie manchmal die Augen, wenn es nicht so klappte, wie geplant. Dabei sei dahingestellt, ob sie sich dabei über sich selbst oder über den Hund ärgerte. Meine Beobachtung war, dass der Hund in solchen Momenten wie geschlagen zusammenzuckte. Wir übten daraufhin, dass sie im Training nur noch lächeln durfte, egal was passierte. Jeder kann sich vorstellen, was das für eine Herausforderung war und natürlich auch nicht immer klappte.

Auf der anderen Seite habe ich ein Bild von einem Trainer von mir, der – sagen wir es mal so – nicht zimperlich mit seinem Hund umgeht. Wenn der nicht folgt, gibt es auch schon mal Prügel.

Wenn man aber jetzt abends diese beiden Hunde interviewen würde, wie ihr Tag so war, dann würde der erste so etwas sagen wie: „Es war schrecklich. Ich habe einen Fehler gemacht und Frauchen damit enttäuscht. Dabei habe ich die ganze Zeit so sehr versucht, alles richtig zu machen. Aber ich habe es eben nicht verstanden. Das macht mir immer noch Stress.“ Natürlich lege ich dem Hund damit Worte in den Mund, die sehr vermenschlicht sind. Diese Worte beschreiben aber genau sein Verhalten, das nämlich geduckt und mit vielen Stresszeichen zu beobachten war.

Der andere Hund würde antworten: „Super! Wir hatten einen tollen Tag! Der Alte ist zwar zwischendurch mal ausgerastet und hat mir eine übergezogen, aber ansonsten hatten wir viel Spaß!“

Welchem Hund ging es nun besser? Ich möchte diese Frage an dieser Stelle mal offenlassen und auch betonen, dass ich damit nicht ausdrücken möchte, dass es in Ordnung ist, wenn man seinen Hund schlägt.

Allerdings sah ich einen Hund, der über positive Verstärkung trainiert wurde, leiden. Und das beobachtete ich immer häufiger und beobachte es immer wieder. Ich habe sogar gerade den Eindruck, als würden es immer mehr gestresste Hunde, deren Halter es aber nur gut mit ihnen meinen.
Ich beobachte immer mehr, dass die Menschen vor lauter Training ihren Hund nicht mehr sehen. Die Hunde schreien förmlich danach, wieder gesehen zu werden. Auch da haben wir wieder das Gegenteil: Die Menschen trainieren ihre Hunde, ohne sie zu sehen.

„Ich beobachte immer mehr, dass die Menschen vor lauter Training ihren Hund nicht mehr sehen."

Deshalb habe ich mit den Jahren umgedacht. Ich würde heute nicht mehr sagen, dass Klickertraining das Nonplusultra ist. Ich kenne viele Beispiele, da ist es nämlich nur das andere Extrem und ich kann wirklich sagen – genauso grausam wie Training über Strafe. Nur die Menschen fühlen sich damit viel besser, weil sie ihr Tier eben gar nicht mehr wahrnehmen.
Die Lösung für dieses Dilemma muss auf einer ganz anderen Ebene liegen, da war ich mir sicher.
Das Leben mit seinen ganzen Herausforderungen, die wir in den letzten Jahren erlebten, brachte mich in meinen Überlegungen weiter. Immer wieder begegnen wir Extremen. Ich habe das Gefühl, dass das in allen Lebensbereichen zunimmt. Die Antwort begegnete mir in einem Buch von Dr. Demartini (siehe Anhang). Er erklärt darin mit vielen Beispielen, dass es von allem eben immer auch das Gegenteil gibt, denn wir leben in einer dualen Welt. Das ist seiner

„Alles ist immer

Meinung nach gesetzmäßig. Auch das Yin-Yang-Symbol drückt diese Gegensätze, die zusammen das Gleichgewicht bilden, sehr schön aus. Er beschreibt, wie perfekt die Welt damit im Gleichgewicht ist. Zuerst hatte ich beim Lesen protestiert, weil ich fand, dass das gerade nicht den Eindruck macht. Wenn man aber genauer guckt, dann gibt es in dieser Welt voller Katastrophen auch viele Hoffnung bringende Beispiele. Seine Lösung war die Liebe. Nur die Liebe kann Gegensätze vereinigen.

Je mehr ich darüber nachdenke, desto mehr finde ich, dass das wirklich so ist. Das würde auch mein Trainingsdilemma lösen. Es kommt nicht darauf an, sich an eine Wahrheit im Training zu klammern, sondern es kommt auf die Liebe an. Und zwar auf die bedingungslose Liebe.

Dann erkennt man, dass jeder für seinen Hund das Beste will, egal, welche Trainingsphilosophie er verfolgt. Wenn wir das zusammenbringen können, so wie in dem Yin-Yang-Symbol, dann können wir von- und miteinander lernen und auf die nächste Stufe kommen. Solange wir in unseren Extremen bleiben und die vermeintlich „anderen“ verurteilen und bekämpfen, werden wir stehenbleiben und nicht weiterkommen.

So beobachtet man bei vielen Trainern, die über positive Verstärkung arbeiten, ein extremes Verurteilen „der anderen“. Das widerspricht eigentlich der Idee der positiven Verstärkung. Da würde man unerwünschte Verhalten ja eher ignorieren. Außerdem beobachte ich bei vielen Trainern, die über positive Verstärkung angefangen haben und dann sagen, dass es ja doch nicht funktioniert und wieder voll in das alte System zurückfallen. Dabei darf etwas Neues entstehen, was noch größer und passender ist.

Im Leben beobachten wir an jeder Stelle die enormen Gegensätze. Einmal sehen wir sie im Außen. Da haben wir zum Beispiel auf der einen Seite die immer extremer werdenden Veganer und auf der anderen Seite die, die mit dem Essen von Fleisch die Welt retten wollen. Da haben wir die Kriege auf der einen Seite und immer mehr Friedensbewegungen auf der anderen. Und diese Aufzählung ließe sich beliebig fortführen.

ch das Gegenteil“

Aber wir sehen die Gegensätze auch in den Situationen. Da haben wir beispielhaft die Oma, die mit ihrer Liebe die Enkel förmlich erdrückt. (Ich hatte so eine Oma. Jetzt wo ich die Zusammenhänge verstehe, kann ich sie dafür lieben. Früher war es immer ein Horror, wenn ich wusste, dass sie kam.)
Da haben wir zum Beispiel das schreckliche Hochwasser, das für viele Menschen eine wirkliche Katastrophe war. Aber wir haben gleichzeitig das Sichtbarwerden einer enormen Hilfsbereitschaft. Wildfremde Menschen helfen einander. Es entstehen Freundschaften und Herzlichkeiten, die es ohne diese Katastrophe nicht gegeben hätte.
Das sehen wir auch in unserem Leben. Oft sind es die schmerzlichen Situationen, die uns im Leben einen großen Dienst erweisen. Ich wäre zum Beispiel nie der Mensch geworden, der ich heute bin, wenn ich nicht die roten Haare gehabt und in meiner Jugend sehr viel Ablehnung erfahren hätte. Ich war immer eine derjenigen, die immer als letzte gewählt wurden, wenn es darum ging Mannschaften zusammenzustellen. Vielleicht kennst du die Situation: Ich sitze auf der Bank in der Sporthalle. Ich gucke auf meine Turnschuhe. Ich höre, wie rechts von mir Mitschüler aufgerufen werden. Ich bekomme mit, wie sich links von mir die Bank leert. Ich sehe, wie ich mal wieder die Letzte auf der Bank bin. Ich blicke auf, als ich meinen Namen höre. Ich höre den enttäuschten Unterton in der Stimme und sehe, wie die andere Mannschaft feiert, dass ich ihr erspart blieb.
Das hat natürlich was mit mir gemacht. Deshalb wollte ich mit Tieren arbeiten. Denn die Menschen hatten mir zu viel Schmerz zugefügt. Je besser ich mit den Tieren wurde, desto mehr durfte ich erkennen, dass es ja doch die Menschen sind, mit denen ich arbeiten darf ...
Und heute macht mir gerade das am meisten Spaß und erfüllt mich. Ich kann also sagen, dass ohne die Erfahrung auf der Schulbank dieses Buch wohl nie entstanden wäre. War sie also gut oder schlecht? Da sind wir wieder bei den Wertungen (siehe S. 99). „Ob gut, ob schlecht, wer weiß das schon?" Das ist ein Zitat aus einer – finde ich – sehr inspirierenden Geschichte, die sehr schön zeigt, dass alles immer auch das Gegenteil ist.

Ich kenne leider nicht den ursprünglichen Autor und habe auch schon mehrere Versionen dieser Geschichte gehört, die ich hier teilen möchte:

„Es war einmal ein armer Bauer, der sehr viel und fleißig arbeitete. Eines Tages lief ihm ein Hengst zu, ein wunderschönes Pferd, das er sich zähmte und ausbildete für seine Arbeit auf dem Feld. Die Nachbarn sagen: „Mensch, hast du es gut. So ein Glück. Jetzt bist du durch das Pferd reich und kannst deine Arbeit viel leichter verrichten." Der Bauer antwortete „Ob gut, ob schlecht, wer weiß das schon?"

Viele Monate später lief das Pferd weg und der Bauer stand wieder mit seiner Arbeit alleine da. Die Nachbarn bedauerten ihn „Du Armer, was machst du denn jetzt ohne Pferd?" Er aber antwortete: „Ob gut, ob schlecht, wer weiß das schon?" Nach einiger Zeit kam der Hengst zurück und führte drei Stuten mit sich. Der Bauer ließ sie in die Koppel und hatte somit auf einmal vier Pferde. Die Nachbarn beneideten unseren Bauern wieder und konnten ihm sein Glück kaum gönnen. Er aber sagte nur: „Ob gut, ob schlecht, wer weiß das schon?"

Der Bauer war inzwischen zu alt geworden, um die Pferde zu zähmen. Sein Sohn übernahm diese Arbeit. Er ritt die Stuten zu, damit sie verkauft werden konnten. Dabei stürzte er vom Pferd und brach sich das linke Beim mehrmals. „Was für eine Tragödie", riefen die Nachbarn, „jetzt musst du zu all deiner Arbeit noch deinen Sohn pflegen!" Der Alte aber pflegte hingebungsvoll seinen Sohn, der mehrere Monate ans Bett gefesselt war und dachte nur: „Ob gut, ob schlecht, wer weiß das schon?" In dieser Zeit kamen Soldaten in den Ort, um alle jungen Männer zu mustern und mit in den Krieg zu ziehen. Die Söhne aller im richtigen Alter mussten fort. Nur dem alten Bauern blieb sein Sohn, der sich langsam wieder erholte, auch wenn er sich nur humpelnd bewegen konnte. Wieder beneideten ihn seine Nachbarn. Er aber sagte nur: „Ob gut, ob schlecht, wer weiß das schon?"

Wenn man erkennt, dass alles auch das Gegenteil ist, wie es in einer dualen Welt eigentlich auch gar nicht anderes sein kann, erkennt man zum einen das Göttliche in der Welt und diese geniale Ordnung und zum anderen wird man demütiger und bescheidener und verurteilt weniger, vor allem auch sich selbst. Denn all das hier Beschriebene finden wir natürlich auch in uns. Wenn wir wirklich hinschauen, finden wir auch da die Gegensätze.
Von Eckard Tolle bekam ich die Idee, dass genau das der Sinn des Märchens vom Froschkönig ist. Wir dürfen alle den Frosch küssen, damit ein Prinz daraus wird. Wir dürfen das vermeintlich Widerliche in unserer Umgebung und in uns annehmen (den Frosch küssen), damit sich die Liebe zeigen kann (der Prinz erscheint).
Für mich war das eine riesengroße Erkenntnis, die mein Leben seitdem noch viel wundervoller gemacht hat, als es ohnehin schon war.

The sun will rise tomorrow

Die Sonne wird auch morgen wieder aufgehen. Ein weiterer sehr weiser Satz von Bob Bailey. Den sagte er uns immer, wenn wir wieder mal frustriert über unser Training waren. Denn es kann schon sehr deprimierend sein, wenn man feststellt, dass man von einem ja angeblich so dummen Huhn trainiert wird und wenn man es wieder nicht schafft, sein Verhalten zu ändern. Damit wollte er uns sagen, dass wir uns und unser Training nicht so wichtig nehmen sollen. Natürlich kann man sich mal ärgern, man darf auch Ehrgeiz haben. Aber alles nur so weit, wie es einem Energie bringt. Dann ist das sehr hilfreich und kann ein echter Turbo sein. Rauben der Ärger oder der Ehrgeiz eher Energie oder man steht sich dadurch selbst im Weg, dann darf man wieder in klitzekleinen Schritten sein Verhalten ändern. Man darf sich selbst im wahrsten Sinne des Wortes aktualisieren oder auf das nächste Level bringen.

9.

Übung macht den Meister

„Es ist noch kein Meister vom Himmel gefallen." Es ist also ganz normal, dass nicht von Anfang an alles perfekt klappt. Wieviel Lerngelegenheiten würden uns dann entgehen? Wir dürfen also üben. Wir dürfen das Leben als große Lern- und Experimentierwerkstatt sehen. Wir dürfen gespannt sein, was sich mit und um uns entwickeln darf. Außerdem haben wir mit unserem Hund unseren besten Lehrmeister an der Seite. Hast du keinen Hund, dann gilt dasselbe für jedes andere Tier oder auch für die Menschen in deiner unmittelbaren Umgebung. Gerade die uns am nächsten stehenden Menschen bringen uns so viele Weisheiten des Lebens bei!

Der Hund als Lehrer

Wir denken so oft, dass wir die Hunde ausbilden würden. Mittlerweile bin ich davon überzeugt, dass die Hunde da sind, um uns etwas beizubringen.
Vor bestimmt schon zehn Jahren hatte ich meinen ersten Fall, der mir das deutlich machte. Ich hatte zwei Frauen in der Trainingsstunde. Der eine Hund hatte einen Beißvorfall, der andere Hund war „einfach" jung und unerzogen. Ich war mit dem Fokus bei der Frau mit dem Hund mit dem Beißvorfall und beobachtete das andere Team im Augenwinkel. Dieser Hund war sehr nervig und biss seinem Frauchen ständig in die Leine oder sprang nach den Händen. Da sie sehr hilflos wirkte, ging ich zu ihr und gab die Anweisung mal richtig „Nein" zu sagen. Mit richtig „Nein" sagen, meine ich nicht, dass man blöd zum Hund wird. Das ist meist sowieso nicht nötig, wenn das Nein aus tiefster Seele kommt. Ich weiß gar nicht, weshalb ich ihr diese Anweisung gab, denn normalerweise mache ich in einem solchen Fall eine zweite Leine an den Hund und die Halterin soll immer die fallen lassen, in die der Hund gerade reinbeißt und sich kommentarlos die andere nehmen, bis der Hund damit aufhört. Meine innere Stimme sagte mir aber dieses Mal etwas anderes. Ich folgte ihr, weil ich gelernt habe, dass dann die besten Ergebnisse kommen. Ich gebe also die Anweisung, mal richtig „Nein" zu sagen mit dem Ergebnis, dass die Hundehalterin in Tränen ausbricht. Ich spüre – wie so oft, wenn ich meiner inneren Stimme folge – dass gerade etwas Außergewöhnliches passiert. Ich spüre aber auch eine Angst in mir aufsteigen vor dem, was jetzt kommt. In

dem Augenblick sitzt ihr Hund ganz ruhig neben ihr. Die Frau erzählt mir, dass sie nicht „Nein“ sagen kann, weil sie als Kind mal missbraucht worden ist. Ich muss schlucken, denn damit habe ich so gar nicht gerechnet. Schnell besinne ich mich wieder auf das Training. „Es hilft ja nichts. Du hast jetzt den Hund, der dir genau das beibringt. Ich kann dir nur helfen, wie du das deinem Hund gegenüber schaffst. Aber das bekommen wir zusammen hin.“ Das haben wir auch hinbekommen. Einige Zeit später bekam ich von ihr das Feedback, dass ihr Psychologe gemeint hätte, sie wäre in einer guten Hundeschule ...

War es Zufall, dass sie genau diesen Hund hatte? War es Zufall, dass ich mal eine ganz andere Trainingsanweisung gab als gewöhnlich? Ich denke nicht. Ich habe gelernt, dass es keine Zufälle gibt, sondern dass das Leben uns Stufe für Stufe die Lernerfahrungen ermöglicht, die uns dazu bringen, unser Licht leuchten zu lassen.

Schon bei körperlichen Krankheiten hatte ich in meiner Zeit als kurative Tierärztin gelernt, dass sehr viele Tiere die Krankheiten ihrer Besitzer haben. Ist das, weil sie ihnen etwas spiegeln wollen oder weil sie vielleicht in denselben Schwingungen leben, die ja auch ihre Besitzer krank gemacht haben? Ich weiß es nicht. Auf jeden Fall ist das auffällig.

Es lohnt sich, mal von einer anderen Ebene auf das Problem des Hundes zu schauen, denn damit lernt man wieder sehr viel über sich selber. Oft habe ich auch den Eindruck, als nähme der Hund die Krankheit des Menschen auf sich. Denn unter den Lebensumständen, die der Mensch lebt, wäre sie eigentlich bei ihm zu erwarten, und der Hund zeigt sie. So soll Krebs oft etwas mit unterdrückter Aggression zu tun haben. Solche Menschen stellen dann einen Hund mit Krebs vor und sind selber (noch) gesund. Aber ob es jetzt körperliche Symptome sind oder Verhaltensauffälligkeiten, die Hunde zeigen das nicht ohne Grund. Wir dürfen daran lernen und wachsen lernen.

Besonders schön wird das immer bei Besitzerwechsel deutlich. Da kommt jemand nicht mit seinem Hund klar, entscheidet sich dann für die Abgabe oder der Hund wird alt und stirbt irgendwann, das Problem wurde aber im Besitzer nicht gelöst. Dann wird der nächste Hund ganz genauso.

Umgekehrt ist eine Bekannte von uns so cool und gelassen und immer gut gelaunt, zu der können die problematischsten Hunde kommen, sie fügen sich immer problemlos in das artenreiche Rudel ein.

Genauso wie die Hunde uns etwas beibringen können, kann es aber auch unser ganzes Umfeld.

Das ist so spannend! Gerade weil ich tieferen Einblick in drei Bereiche habe, nämlich Landwirtschaft, Tiermedizin und Tiertraining, kann ich sehr gut erkennen, dass wir überall dieselben Lernaufgaben gezeigt bekommen. Es geht dabei darum, im Hier und Jetzt und achtsam zu sein, sein eigenes Verhalten zu ändern, wenn man was beim anderen beziehungsweise im Außen verändern möchte und eine Vision zu haben, damit man seinen Weg gehen kann. Spannenderweise sind das ja auch die Lehren in allen Weisheitstraditionen. Das Universum hilft uns eigentlich an jeder Ecke mit entsprechenden Aufgaben. Und es zeigt uns auch an jeder Ecke, dass dann Hülle und Fülle auf uns warten.

Oft im Gegensatz zur Schule früher dürfen die Aufgaben im Leben sehr viel Spaß machen. Wenn wir sie erkennen und angehen ... Drücken wir uns darum, dann kann es etwas ungemütlicher werden.

Habe ich zum Beispiel einen Welpen, der mir schon von Anfang an mit dem Zaunpfahl winkt, dass ich Entspannung lernen sollte und ich die Aufgabe nicht angehe, dann wird es mit der Zeit immer deutlicher, aber auch herausfordernder. Habe ich einen Welpen, der mir beibringen möchte, achtsamer zu sein, weil er entweder alles kaputtbeißt oder noch nicht stubenrein ist, dann macht jede weitere Unachtsamkeit echt Schaden. Entweder ist das nächste für mich wichtige Teil kaputt. Oder der Teppich ist bepinkelt und kann dann entsorgt werden, wenn der Welpe endlich stubenrein ist. Habe ich einen Welpen, der unsicher und ständig im Stress ist und mir dadurch den Spiegel vorhält und ich gehe das nicht an, dann kommt es vielleicht später zu einem Beißvorfall. Auch das ist dann ein deutlicher Hinweis, dass etwas getan werden muss. Leider erkennen selbst dann viele Menschen noch nicht, dass es an ihnen ist, etwas zu ändern. Aber das Leben ist da ja einfallsreich.

Je früher wir also lernen, unsere Hunde als Spiegel und Lehrmeister zu sehen, desto unproblematischer ist die Arbeit, wenn vielleicht auch nicht weniger herausfordernd. Denn auch da muss man erkennen, was es mit einem selbst zu tun hat.

Über den Dingen stehen

Über den Dingen zu stehen zeichnet eine gute Führungspersönlichkeit aus. Das ist oft Thema der Welpenschule, aber auch bei erwachsenen Hunden noch. Oft werden den Hundehaltern dann so Mogelpackungen verkauft, von wegen sie müssten als erstes durch die Türe gehen oder auf alle Fälle vor ihrem Hund essen. Wenn sie dann noch draußen höher pinkeln als ihr Hund ... ja, solche Tipps gibt es tatsächlich!
Das Dumme ist nur, dass man eine Führungspersönlichkeit nicht durch Äußerlichkeiten wird. Bei anderen Menschen mag das funktionieren. Ihnen können wir etwas vormachen, aber nicht unseren Hunden. Sie durchschauen uns. Solche Dinge im Außen können höchstens mal vorübergehende Krücken sein. Aber auch nur, wenn ich daran glaube und mir nicht völlig verunsichert und blöd dabei vorkomme. Dann bewirken diese Tipps genau das Gegenteil. Es kommt also nie auf das Tun im Außen an, es sei denn, das hilft uns, im Inneren klarer zu werden. Eine gute Führungspersönlichkeit für ein Tier kann man nur im Inneren werden.

> *„Eine gute Führungspersönlichkeit für ein Tier kann man nur im Inneren werden."*

Noch ziemlich an Anfang meiner Trainerkariere war ich bei einem Pferdetrainer, der uns beibrachte, sehr präzise mit der Körpersprache umzugehen. Es ist erstaunlich, was man damit bei den Pferden erreichen kann. Das hat mir in meiner Arbeit als Tierärztin sehr geholfen, wenn die Pferdehalter ihre Pferde auf der Koppel zum Beispiel für eine Impfung nicht einfangen konnten. Ich konnte sie auf Entfernung stoppen und auch hingehen und ohne Probleme impfen.
Aber irgendwann im Rahmen der Ausbildung hat dieser Trainer wohl auch gemerkt, dass viele von uns zu sehr abhängig von den Dingen im Außen sind. Er demonstrierte uns dann ganz eindrucksvoll, dass es darum gar nicht ging. Mit einem Pferd machte er dann genau das Gegenteil. Anstatt klar und präzise mit der Körpersprache zu sein, torkelte er wie ein Besoffener über den Platz. Er hielt sich auch nicht an die Positionen relativ zum Pferd, die wir zuvor gelernt

hatten. Aber dennoch erreichte er eine Veränderung bei dem Pferd, die wie immer atemberaubend war. Das war für mich mal wieder ein Schlüsselmoment, der zeigte, dass es nicht um unser Tun im Außen geht, sondern darum, wie wir im Inneren aufgestellt sind.

Einen anderen solchen Schlüsselmoment bekam ich in einem Training mit einem Hundehalter, der daran arbeiten wollte, dass sein Hund freudiger an seiner Seite geht. Ein freudiges Gehen setzt natürlich voraus, dass der Hund Spaß hat. Und dafür ist es wichtig, dass auch der Hundehalter Spaß hat. Genau da lag das Problem. Er versuchte mir immer wieder zu zeigen „Siehst du, so sieht das aus. Immer dasselbe." Damit war er auch relativ niedergeschlagen, weil er es ja schon so oft versucht hatte. Ich erkannte, dass er in dieser Stimmung nicht erreichen konnte, was er vorhatte. Also erklärte ich ihm, dass er erst mal freudig und zuversichtlich sein müsse. Damit coachte ich ihn durchs Training, was ihm auch zu einigen Erfolgserlebnissen verhalf. Jedes Mal, wenn „der Hund einen Fehler machte", verfiel er wieder in sein „Siehste, ..." Dabei spürte ich seine Niedergeschlagenheit ganz deutlich. Wie muss es dann erst dem Hund ergangen sein?

Wir gingen also noch einmal seine innere Einstellung an. Dann fragte ich immer wieder im Training: „Auf einer Skala von eins bis zehn: Wie gut gelaunt bist du?" Dabei stellte sich heraus, dass er sein Verhalten und seine Laune ganz vom Verhalten des Hundes bestimmen ließ. Ging der Hund freudig, war auch der Mann gut drauf, ließ der Hund die Ohren hängen, ging auch sofort die Stimmung des Mannes runter. Das konnte ja nicht sein. Schließlich wollte der Mensch seinem Hund etwas beibringen, stattdessen ließ er sich ganz zuverlässig von seinem Hund steuern.

So etwas sehe ich immer wieder. Die Menschen verlangen von ihren Hunden etwas, was sie selbst nicht leben können. Wie wollen sie dann Vorbild sein? Will ich jemandem etwas beibringen, dann sollte ich es auch leben. Das gilt für Menschen genauso wie für Hunde. Dieser Mann durfte also lernen, seine gute Laune unabhängig vom Verhalten des Hundes zu halten. Nur dann hat er eine Chance, das auch dem Hund beizubringen.

Das meine ich mit „über den Dingen stehen". Ich darf mich von Vorgängen im Außen nicht runterziehen lassen. Dafür spielt auch die Vision wieder eine große Rolle. Sie darf mich immer wieder ziehen und aufrichten, damit ich stark genug bin. Es erfordert schon Kraft und Rückgrat, je nach Situation im Außen seiner Vision zu folgen.

Wie immer gilt das, was im Hundetraining gilt, auch für das wirkliche Leben. Auch da haben wir ja Ziele, die wir erreichen wollen bei unterschiedlichen Einflüssen von außen. Jetzt brauche ich also genug Kraft und Rückgrat, an mich und mein Ziel zu glauben, egal, was passiert. Oder man noch nimmt sich Hilfe. Welche Menschen könnten dich also in deinem Tun unterstützen? Wer verunsichert dich sowieso immer und wem gegenüber sprichst du die Situationen um dein Ziel am besten gar nicht mehr an, weil er dich doch runterziehen würde? Wer ist vielleicht an einem ähnlichen Ziel daran, mit dem man sich zusammen tun könnte zwecks gegenseitiger Unterstützung?

Es gibt viele Möglichkeiten, auch wenn man selbst die Kraft noch nicht hat. Wir dürfen lernen, uns helfen zu lassen und zusammenzuarbeiten. Eventuell ist auch ein Tagebuch eine hilfreiche Sache. Das empfehle ich immer bei längerfristigen Verhaltensänderungen bei den Hunden. Denn wenn man nach acht Wochen mal zurückblickt, wie es angefangen hat, sieht man, dass man schon einiges erreicht hat, wenn es auch noch nicht hundertprozentig ist. Dasselbe gilt für die eigene Verhaltensänderung natürlich auch.

Mit jedem Erfolgserlebnis wird dann der Glaube an sich selbst stärker. Außerdem kann ich mir andere Lebensbereiche zur Hilfe nehmen. In welcher Situation habe ich zum Beispiel mal etwas erreicht, das für die augenblickliche Situation auch hilfreich wäre?

Beispiel: Nehmen wir einmal an, ich hätte das Problem, Dinge nicht zu Ende bringen zu können. Dann könnte ich mal mein Leben durchscannen, wo ich das doch schon mal geschafft habe. Zum Beispiel habe ich die Schule zu Ende gebracht. Wie habe ich das erreicht? Was hat mir dabei geholfen? Denn genau diese Fähigkeit steckt ja in mir. Wie kann ich diese Fähigkeit jetzt auf mein aktuelles Thema anwenden? Das ist immer eine sehr bewegende Stunde, wenn das das Thema in der Traumlebensschule ist.

Unser Körper spielt bei all den Herausforderungen im Leben eine nicht zu unterschätzende Rolle. Wenn ich körperlich stark bin und Gleichgewicht und Rückgrat habe, hat das auch Einfluss auf andere Lebensbereiche. Deshalb ist es auch so wichtig, dass wir unseren Körper mit ins Boot nehmen.

Zwischendurch können wir uns auch immer nochmal unsere Vision ansehen: Wie schön wird das, wenn das erreicht ist? Wie fühlst du dich dann? Auf was in deinem Leben hat das noch Einfluss? Wie hilft es anderen? Wenn wir dann nochmal von unserer Vision inspiriert und begeistert sind, dann ist das wie aufgetankt sein für die nächsten Schritte.

Körper und Verstand

Körper, Geist und Seele - wie oft hört man, dass sie eine Einheit sind? Selten werden aber alle drei berücksichtigt.

Im Tiertraining gehen wir immer mehr dazu über, den Körper mit dazu zu nehmen. Das ist in der Regel der schnellere Weg. Denn ich kann ja eigentlich selten von einem Kunden erwarten, dass er sich all das Trainingswissen aneignet, was ich schon habe. Das war jahrelanges Lernen der Theorie und auch der handwerklichen Fähigkeiten. Der Kunde möchte aber vielleicht in sechs Wochen ein Ergebnis. Lernt der Kunde seine Bedürfnisse in Bezug auf den Hund mit dem Körper zu erkennen und auszudrücken, habe ich zwei wichtige Ziele erreicht: Der Hund versteht es viel besser als all unsere Bemühungen um Signale und Verstärker. Und den Menschen bringt das in seinem Leben auch einen gewaltigen Schritt weiter. Je mehr er seinen Körper spürt, desto „selbstbewusster" im wörtlichen Sinn wird er. Das hat Auswirkungen auf alles im Leben. Außerdem ist es gar nicht so langwierig, die erste Kommunikation mit dem Körper aufzubauen. Natürlich kann man auch da sein Leben lang dazulernen. Aber der Start ist schnell gemacht, was für mich auch ein Zeichen dafür ist, dass das eigentlich unsere Natur ist und wir uns nur nochmal erinnern dürfen.

Habe ich zum Beispiel einen bei Hundebegegnungen aggressiven Hund, dann darf ich in mich reinfühlen, wo bei mir die Aggression ist. Kommen da vielleicht Gedanken wie „Muss der Idiot da schon wieder kommen", „Könnte der bloß richtig mit seinem Hund umgehen" oder ähnliches? Und wo im Körper spüre ich das? Meine Gedanken werden sich nämlich mit Sicherheit auch in meinem Körper ausdrücken, zum Beispiel indem sich der Bauch verkrampft. Wenn ich jetzt lerne, meine Gedanken zu kontrollieren und die Verkrampfung in meinem Bauch zu lösen, ist das „Hundeproblem" meist schon mit gelöst.

Der Körper gehört also in unserem Training immer mehr mit in die Ausbildung. Den Verstand sehe ich übrigens als einen Teil des Körpers. Ich unterscheide Geist und Verstand. Der Verstand ist die Arbeit eines Organs des Körpers, nämlich des Gehirns. Genau wie es die Aufgabe des Herzens ist, das Blut durch den Körper zu pumpen, ist es Aufgabe des Gehirns, unsere Gedanken zu denken.

Aber beide haben in meiner Vorstellung noch eine zweite Ebene, die gar nichts mit der körperlichen Ebene zu tun hat und die wir auch nicht körperlich fest-

machen können. Das ist in meiner Vorstellung beim Herz die Seele oder wir können sagen die Verbindung des höheren Selbst. Das ist wie eine Nabelschnur. Beim Verstand und dem Rest des Körpers ist es der Geist.
Der Geist ist wie ein Geist, das eben, was von uns übrig bleibt, wenn der Körper nicht mehr da ist. Damit ist auch klar, dass nur alle Teile zusammen ein gutes Ergebnis im Leben erzielen können, denn sie bilden eine Einheit. (Da haben wir wieder das Stichwort der Zusammenarbeit.)
Wir legen in den meisten Fällen unseren Fokus zu viel auf den Verstand. Nicht umsonst heißt es, dass wir heutzutage in einer Wissensgesellschaft leben. Alles Wissen ist übers Internet jedem zugänglich. Die künstliche Intelligenz hat das noch einmal auf ein ganz anderes Level gebracht. Der Verstand ist also wirklich einseitig überentwickelt. Seele und Geist kommen nicht zum Wort.
Da sind wir wieder bei Albert Einsteins schönem Ausspruch (sinngemäß): „Wir bekamen die Intuition und als ihr Diener den Verstand. Wir aber lassen den Diener bestimmen. Die Intuition kommt gar nicht mehr zu Wort."

Herausforderungen

Manchmal scheint das Leben es nicht gut mit dir zu meinen. Da hast du dir vielleicht ganz viel Mühe gegeben bei der Wahl des Züchters, hast extra einen Experten dabei gehabt, als es um die Auswahl des Welpen ging und dann bekommt der junge Hund Knochenhautentzündung. Statt Welpenschule stehen Tierarztbesuche an und die so kostbare Sozialisationszeit verstreicht mit ganz viel Pflege zuhause. Bei einem der wenigen Spaziergänge passiert dann ein blöder Zwischenfall mit einem freilaufenden Hund und ab da wird das Rausgehen immer problematischer. Um Hundebegegnungen zu vermeiden, gehst du schon morgens um fünf Uhr raus und abends ganz spät. Aber tagsüber muss der Hund nun auch nochmal raus. Das ist ein richtiger Spießrutenlauf. Du bist damit beschäftigt, die Umgebung zu scannen. Kurzum: Jeder Spaziergang ist der pure Stress.
So hast du dir die Hundehaltung nicht vorgestellt. Eigentlich hattest du von entspannten Spaziergängen in der Natur geträumt mit einem vierbeinigen Partner an der Seite. Du wolltest einen Hund haben wie deine Freundin, die

ihn überall hin mitnimmt und die meiste Zeit frei laufen lassen kann (die ihn aber nicht zu anderen Hunden hinlässt). Nun, das war der Traum. Die Realität sieht leider etwas anders aus.
So oder ähnlich könnte eine Herausforderung mit dem Hund aussehen. Auch sonst im Leben gibt es natürlich immer wieder die unterschiedlichsten Herausforderungen. Oft steht man da und fragt sich, was das schon wieder soll. Nur, wenn wir mal ganz ehrlich sind: Oft stellen wir diese Frage mit einem Opferton. Wir bemitleiden uns damit selbst oder jammern auch vor und mit anderen. „Warum gerade ich?"
Ich lebe immer nach dem Motto: Bringt etwas Energie oder raubt etwas Energie? Dieses Opferdenken raubt in der Regel Energie, es sei denn man bekommt dadurch ganz viel Aufmerksamkeit, was vordergründig manchmal lohnend sein kann.
Da ist ein Glaubenssatz sinnvoll, wie „Im Leben ist alles zu meinem Besten" oder „Das Leben meint es immer gut mit mir". Ich lebe immer nach dem Motto: Bringt etwas Energie oder raubt etwas Energie?
Wir hatten ja schon den schönen Satz „Ob gut, ob schlecht, wer weiß das schon?" Und alles hat nun mal auch sein Gutes.
Anstatt zu jammern, kann man sich also sofort aufmachen und das Gute in einer Herausforderung zu finden. Wir dürfen uns also durchaus fragen „Warum ist es gerade so?" Aber dann dürfen die Fragen weitergehen: „Was könnte das für mich bedeuten? Wo könnte mir das in anderen Bereichen hilfreich sein?"
So haben wir zum Beispiel in unserer Hundetrainerausbildung immer wieder Teilnehmer, die eine solche oder andere Herausforderung mit ihrem Hund hatten und die das Problem zu einer Lösung gemacht haben, nämlich endlich auch was in ihrem Leben zu ändern. Sie haben sich entschieden, mehr über Hunde zu lernen, was zum einen das Problem löst und zum anderen einen Beruf bringt, der richtig erfüllend ist. Es gibt ja auch den schönen Satz: Wenn einem das Leben Steine in den Weg legt, kann man daraus Brücken bauen.
In meinen Coachingsessions ist es mir noch nie begegnet, dass eine Herausforderung eines Teilnehmers nicht auch Vorteile hatte, ganz oft sogar ganz entscheidende.
Das Leben wird so viel spannender, wenn man Herausforderungen auch willkommen heißen kann und schon weiß, dass was Gutes daraus entstehen wird. Meist braucht es nur etwas Geduld und Abstand, um das zu erkennen.

10.

Werde dein eigener Mentor

Klitzekleine Trainingsschritte und Rituale sind Krücken, die wir brauchen, bis wir die Verbindung zu unserer Intuition wiedergefunden haben. Eigentlich haben wir nämlich den eigenen Mentor immer bei uns. Wir dürfen lernen, uns wieder mit ihm zu verständigen. Gerade ist es spannend, wie so viele Menschen von ihren Mentoren erzählen. Und die Mentoren haben dann wieder Mentoren und die auch wieder. Letztendlich geht also alles Wissen von nur wenigen Menschen aus, die es an andere weitergegeben haben, die es dann wieder an andere weitergeben. Damit wird den meisten Menschen etwas Fremdes übergestülpt. Das kann nicht immer passen.
Ja, auch wir hatten mit Bob Bailey unseren Mentor. Bob hat uns aber nie etwas vortrainiert. Anfangs war ich enttäuscht darüber. Aus diesem Grund habe ich auch unseren Schülern deshalb die ersten Jahre gerne vortrainiert. Die Menschen lernen viel über Abgucken. Das wollte ich mir zunutze machen und es scheint auch bisweilen ganz gut zu funktionieren. Mehr und mehr fiel uns jedoch auf, dass dann zwar mein Training ganz gut imitiert werden konnte; aber die Trainer blieben dann auf diesem Schritt stehen und kamen alleine nicht weiter.
Das war es, was Bob wohl schon längst gewusst hatte. Man muss im Training die Erfahrungen selber machen. Man muss erfahren haben, was das Trainingsziel ist, wie man die einzelnen Trainingsschritte geht, wann man von einem Schritt zum nächsten übergeht und auch wann man sein Verhalten ändert. Natürlich kann ich jemanden da durch coachen. Das wird auch schneller zum scheinbaren Erfolg führen. Jetzt kann man sich fragen, was dann Erfolg überhaupt ist? Ist es ein Erfolg, wenn einer ein Trainingsziel erreicht, aber es letztendlich nur mit Hilfe geschafft hat? Oder ist jemand erfolgreich, wenn er sich vielleicht sogar seinem Trainingsziel nur etwas angenähert hat, aber über diesen Prozess wirklich die Trainingsprinzipien erkannt hat? Ich behaupte letzteres.
Natürlich darf das eine Einzelfallentscheidung bleiben. Das ist so etwas wie: Gebe ich einem Armen einen Fisch oder lehre ich ihn das Angeln? Auch das kommt sicher auf den Einzelfall an. Und wir wissen ja inzwischen sowieso, dass alles auch das Gegenteil ist. „Ob gut, ob schlecht, wer weiß das schon?"
Und genauso ist es im Leben. Jeder darf seinen Weg selber gehen. Wird man einfach genommen und ein mehr oder weniger großes Stück auf seinem Weg weitergebracht, dann hat man auf diesem Stück nicht auf die Verkehrsschilder und Ampeln geachtet. Vielleicht wurde sogar ein etwas anderer Weg einge-

schlagen, ohne dass man es bemerkt hat. Ja, wenn alles glatt geht, komme ich schnell ans Ziel. Die Frage ist, ob ich den Weg dann alleine nochmal wiederfinden würde. Die Frage ist auch, ob das dann wirklich mein Ziel wäre, wenn ich alleine losgegangen wäre. Vielleicht hätte nämlich an einer Kreuzung, an der sich so gar nicht vorbeigekommen bin, eine ganz andere Richtung auf mich gewartet. Und nun bleibt es spannend, ob und wann ich noch einmal an diese Kreuzung komme.

Von daher ist ein wichtiges Ziel in unserer Ausbildung, sowohl für die Hundetrainer als auch in der Tierakademie-Gemeinschaft, dass die Leute lernen, ihr eigener Mentor zu werden. Der Weg fällt vielen nicht so leicht, weil es ja so viel einfacher erscheint, wenn man alles „vorgekaut" bekommt. Aber das Ergebnis ist um so fantastischer.

Außerdem ist toll daran, dass wir alle immer weiter voneinander lernen können. Bei dieser Art des Lernens wird die Einzigartigkeit eines jeden Menschen wirklich deutlich. Stellen wir uns mal die Situation vor, dass es darum geht, dem Hund beizubringen, staubzusaugen. Wenn ich das jetzt allen erklären würde, dann hätten wir eine Möglichkeit. Weil ich eine bekannte Persönlichkeit in Sachen Training bin, würden viele Menschen bestimmt abspeichern „Viviane hat gesagt, dass macht man so und so ...". Dabei habe ich nur eine Möglichkeit genannt. Wenn sich aber jeder Gedanken macht und jeder stellt nachher seinen Weg vor, dann haben wir ganz viele Möglichkeiten. Mit den vielen unterschiedlichen Mensch-Hund-Teams, die uns als Kunden begegnen, werden wir mit Sicherheit auch mehr als eine Möglichkeit brauchen.

Ich habe in meinem Training schon die seltsamsten Varianten gebraucht, einem Team etwas beizubringen. Also braucht auch keiner zu denken: „Mein Vorschlag ist bestimmt Quatsch!" Genau da liegt aber das Problem: Die meisten Trainer trauen nicht ihrer Intuition und denken, sie müssten es so machen, wie es „alle" machen oder wie es Viviane und Michaela machen. (Auch Michaela und ich machen Trainings unterschiedlich ...).

Jeder darf also lernen, auf seine innere Stimme zu hören und sich selbst vertrauen zu lernen. Denn jeder hat den besten Mentor, den man sich vorstellen kann. Und dieser unübertroffene Mentor ist das Leben selbst. Es gibt uns so viele Wachstumsmöglichkeiten. Wir dürfen sie gerne nutzen.

Außerdem gibt es meistens so viele unterschiedliche Dinge, die man über ein Thema lernen kann, dass man sowieso für sich die Entscheidung treffen muss.

Beispiel Ernährung

Wählen wir also ein Beispiel, bei dem das wohl für jeden einleuchtend ist, nämlich die Ernährung. Es gibt so viele Möglichkeiten, sich zu ernähren: Rohkost oder gekocht, oder vegan, vegetarisch oder mit Fleisch – um eine kleine Auswahl zu haben, denn es gibt ja noch viel mehr. Hört man sich die Gründe für diese jeweilige Form der Ernährung an, dann klingen alle logisch. Außerdem wird man für jede Ernährungsform Studien finden, die belegen, wie gut sie ist. Das macht schon deutlich, dass es nicht nur eine gute Möglichkeit gibt. Wer hat nun Recht? Alle oder keiner. Denn die Antwort ist, dass jeder nur für sich selbst die beste Möglichkeit herausfinden kann.

Wie geht das? Wir haben unseren Körper, der uns dazu die besten Aussagen machen kann. Fühle ich mich voller Energie? Dann ist alles richtig. So soll es sein. Bin ich schlapp und ohne Energie, dann sollte ich dem auf den Grund gehen.

Bei mir war meine Verbindung zum Körper praktisch nicht vorhanden. Ich stopfte lauter ungesunde Sachen in mich rein und konnte daher auch nicht auf den Körper hören, was er brauchte. Als ich das erkannt hatte, machte ich erst mal einen Zuckerentzug. Das war so, als würde man versuchen, von einer Droge loszukommen. (Nicht dass ich das kenne, aber es war genauso wie es in den Erfahrungsberichten beschrieben ist.) Als ich endlich „clean“ war, fing die erste vorsichtige Kommunikation mit meinem Körper an. Mal verlangte er nach Obst, mal nach Fleisch und mal nach Gemüse. Mein Energielevel stieg und vor allem begann ich meinem Körper zu vertrauen. Ich konnte durch den Garten gehen und hinspüren. Manchmal verlangte mein Körper nach einem Kraut, manchmal auch nach einer Wurzel. Ich folgte einfach meiner Intuition.

Den nächsten großen Fortschritt machte ich, als ich den Weizen wegließ. Es war spannend, wie sehr sich mein Wohlfühlen steigerte. Denn davor hätte ich gesagt, dass ich keine Probleme damit habe. Erst als ich dann den Unterschied gespürt habe, erkannte ich, wie schädlich das für den Körper war. Es verbesserte also nicht nur die Kommunikation mit meinem Körper, sondern ich fing

„Werde dein e

auch an, ihm immer dankbarer zu sein, was er so alles mitmachen musste. Inzwischen habe ich festgestellt, dass es nicht am Weizen liegt. Denn von unserem auf gesundem Boden angebauten Weizen, der außerdem noch eine alte Sorte ist, kann ich ohne Probleme essen. Aber so etwas kann mir nur mein Körper sagen. Und das auch erst dann, nachdem ich lernen konnte, wie es sich anders anfühlt. Wenn ein ständig geblähter Bauch als normal angesehen wird, dann verspürt man ja keine Notwendigkeit, etwas zu verändern. Wenn es von fast allen als normal angesehen wird, dass man nach dem Mittagessen müde ist, dann macht einen das ja auch nicht nachdenklich. Essen sollte uns aber Energie bringen und nicht nehmen.

Womit wir wieder beim Tun sind. Man muss es erleben. Denn sonst werden schlaue Argumente gefunden, wie „Es ist normal, dass man nach dem Essen müde ist, weil dann der Parasympathikus angeschaltet wird." Das klingt schlau, das passt zu dem, was ich fühle, das wird schon so sein. Hat man jedoch mal gespürt, wie Essen einem Energie bringt und dass man eben nicht müde zu werden braucht, dann weiß man einfach, dass diese Erklärung so nicht stimmen kann. Wieder so ein Schlüsselmoment. Dann lernt man auch seine eigenen Forschungen anzustellen.

Wie bei Allergien ist es sinnvoll, mal verschiedene Bestandteile in der Nahrung für vier bis sechs Wochen wegzulassen. Da möchte ich aber gar nicht weiter drauf eingehen, denn es finden sich genug Informationen, wenn man sich dafür interessiert.

Das Entscheidende ist nur, dass mir kein Mensch sagen kann, was gut für mich in Sachen Ernährung ist. Das kann ich nur selbst mit meinem Körper herausfinden. Vielleicht kann mich jemand darin unterstützen, wie ich das herausfinden kann. So denke ich, dass es in den allermeisten Fällen sinnvoll ist, erst mal die Zuckersucht loszuwerden. Aber auch da wird es bestimmt Ausnahmen geben. Es wird sinnvoll sein, die Umweltgifte soweit es geht zu reduzieren und darauf zu gucken, wirklich gehaltvolle Lebensmittel zu verwenden. Da kann ich mir auch gerade nicht vorstellen, dass es dazu eine Ausnahme gibt. Aber wer weiß?

Körperweisheit

Bei der Ernährung haben wir schon die Zusammenarbeit mit dem Körper angesprochen. Da die Nahrungsbestandteile ja auch in den Körper eingebaut werden, scheint das naheliegend. Aber der Körper kann so viel mehr für uns tun, wenn es darum geht, der eigene Mentor zu werden.

Deshalb sprechen wir von Körperweisheit. Ich habe das für mich früher immer das Bauchgefühl genannt, um es vom Verstand zu unterscheiden.

Diese Unterscheidung darf man lernen. Denn das Gehirn, und da besonders das Reptilien- und das Säugetierhirn, werden uns bei diesen Veränderungen, die wir anstreben, immer auszutricksen versuchen. Du kennst bestimmt all die guten Gründe, die dich abhalten, etwas zu verändern. Das sind ja oft wirklich ernstzunehmende und vernünftig klingende Gründe. Erst von einem anderen Level kann man das durchschauen und erkennt das System dahinter. Und sie meinen es ja auch gut. Daher ist es eine ganz spannende Aufgabe, diese Gehirnteile mit an der gemeinsamen Mission zu beteiligen. Das würde hier aber zu weit führen. Falls das interessiert, gibt es eine Buchempfehlung auf S. 150.

Aber zurück zur Körperweisheit. Seit wir sie in unser Training einbauen, sind wir wirklich in ein neues Level eingestiegen. Das hätte ich vorher nie so für möglich gehalten. Ich hatte ja schon beschrieben, dass mein Körper und ich gefühlt wie zwei getrennte Wesen waren. Ich spürte weder Verspannungen noch irgendwelche feineren Zeichen. Das heißt, das stimmt nicht ganz: Meine Schwangerschaften spürte ich auch immer schon nach einer Woche, als noch kein Schwangerschaftstest sie anzeigen konnte. Seit wir aber die regelmäßigen Körperwahrnehmungsübungen machen, ist es für mich, als hätte ich einen neuen besten Freund gefunden. Nicht nur, dass ich dadurch zwanzig Kilo abgenommen habe und mich „viel wohler in meiner Haut fühle", es findet jetzt wirklich eine gute Kommunikation statt. Ich spüre, wenn ich Verspannungen habe und kann dem Körper helfen, sie zu lösen. Dafür hilft mir der Körper dann zum Beispiel im Aufbau von Gewohnheiten.

Eine Gewohnheit ist nämlich, wenn der Körper mehr weiß als der Verstand und die Aufgabe übernimmt. Das hast du bestimmt schon erlebt, wenn du morgens zur Arbeit fährst und auf einmal bist du da und weißt gar nicht so wirklich, wie du da hingekommen bist. Das hat der Körper ganz alleine gemacht und der Verstand war mit etwas anderem beschäftigt. Das Autofahren an sich ist dafür schon ein schönes Beispiel. Während in der Fahrschule der Verstand jeden

Handgriff und jede Fußbewegung steuern musste, macht das inzwischen der Körper ganz alleine.

Da unterstützt uns der Körper auch gerne, wenn wir neue Gewohnheiten aufbauen wollen.

So habe ich jahrelang nie viel Wert aufs Aufräumen gelegt. Ich hatte einfach Ordnung in meiner Unordnung. Die Wüste hat mich aber gelehrt, wieviel Energie Einfachheit und Klarheit bringen. Deswegen hatte ich mehr und mehr das Bedürfnis, das auch in meinem Umfeld einzurichten. Mit Willenskraft alleine war das nicht möglich.

Vielleicht kennst du das? Du nimmst dir etwas vor, bist auch echt voll guter Absicht und motiviert und dann wird doch nichts daraus. So war es bei mir mit dem Aufräumen. Ich schaffe mir also ein Zeitfenster und bin voll motiviert. Den ersten kleinen Dämpfer bekomme ich dann, als ich vor dem riesigen Stapel auf dem Küchentisch stehe. Aber da ist die Willenskraft noch groß genug. Ich schaffe es sogar, den Tisch leerzuräumen. Da gab es mehrere solcher Anläufe. Aber es dauerte nicht lange und der Tisch war wieder mit Stapeln überhäuft und zu den anderen Bereichen in der Wohnung kam ich erst gar nicht. Erst als ich meinen Körper mit ins Boot nahm und eine Gewohnheit aufbaute, nämlich jeden Tag fünfzehn Minuten für Ordnung zu sorgen, klappte es. Abends wird der Küchentisch abgeräumt und vom leeren, sauberen und schön dekorierten Küchentisch geht eine magische Ordnung auf den Rest der Wohnung über. Aus einem Ritual wurde eine Gewohnheit.

Unsere Kurse zur Verhaltensänderung bauen auch Rituale auf. „Einfach mal Verhalten ändern" dauert nur vierzehn Tage, in denen man täglich eine E-Mail mit einer Anregung zur Verhaltensänderung bekommt. Schon nach dieser Zeit haben die meisten ein starkes Ritual, was am Übergang zu einer Gewohnheit ist. Wann etwas eine Gewohnheit ist, merkt man daran, dass man sich darauf konzentrieren muss, es nicht zu tun, wenn man es sich also wieder abgewöhnen muss. Man findet Zeiträume von dreißig bis neunzig Tagen zum Aufbauen einer Gewohnheit. Das ist also unterschiedlich und von Person und auch Aufgabe und Umfeld abhängig.

Wann immer wir unser Verhalten ändern wollen, ist es sinnvoll, unseren Körper mit ins Boot zu nehmen, um sich nicht auf die Willenskraft allein zu verlassen. Da haben wir nämlich täglich immer nur eine kleine Portion von. Sie ist gut, um Sachen zu starten und in Gang zu bringen, aber nicht, um sie am Laufen zu halten.

Vielleicht hast du das schon mal an dir selber oder bei einem Bekannten beobachtet: Du wolltest diäten, warst auch den ganzen Tag standhaft, um dann abends eine Heißhunger-Attacke zu bekommen und alles in dich reinzustopfen. Dann war die Willenskraft verbraucht und du konntest einfach nicht widerstehen. Wir hatten es schon an den unterschiedlichsten Stellen im Buch, dass Zusammenarbeit so wichtig ist. Wir sollten auch mit unserem Körper zusammenarbeiten. Brauche ich Willenskraft, um gegen den Körper zu arbeiten, wird das aus zweifacher Hinsicht zum Scheitern verursacht sein: Erstens ist die Willenskraft am Ende des Tages verbraucht und zweitens wird dieser Effekt noch verstärkt durch den Stress des Gegeneinanders. Gegeneinander zu arbeiten bedeutet immer Stress. Stress raubt Energie und damit nimmt Willenskraft noch schneller ab.

Die Lösung ist also Zusammenarbeit, in unserem Beispiel auf den Körper hören und sich den Körper über den Aufbau von Gewohnheiten mit ins Boot zu nehmen. Das klingt vielleicht zunächst einfacher, als es ist. Aber es ist Übungssache. Je mehr wir lernen, auf uns selber zu hören und unser eigener Mentor zu werden, desto einfacher wird es.

> *Nimm deinen Körper über den Aufbau von Gewohnheiten mit ins Boot, um Veränderungen zu erreichen, anstatt über Willenskraft gegen ihn arbeiten zu wollen.*

Authentizität

Authentizität bedeutet, dass man echt, wahrhaftig und aufrichtig ist. Es bezieht sich auf die Übereinstimmung zwischen dem, was man denkt, sagt oder tut und dem, wer man wirklich ist. Ist man authentisch, handelt man in Übereinstimmung mit seinen Überzeugungen, Interessen und Werten. Man zeigt seine wahre Persönlichkeit und Emotionen. Da Authentizität für uns ein sehr wichtiger Wert ist, bekommt sie auch ein eigenes Kapitel. Im Training müssen wir natürlich echt sein! Anderen Menschen können wir vielleicht etwas vorspielen, einem Tier aber nicht.

Stellen wir uns eine Trainingssituation vor. Nehmen wir mal an, du bist mit deinem Hund ganz alleine, entweder in der Wohnung oder allein auf weiter Flur. Da besteht eine große Chance, dass du „echt" bist. Denn da musst du niemandem etwas beweisen (es sei denn, du handelst nach dem Glaubenssatz, du müsstest dem Hund etwas vorspielen, der ja auch noch oft verbreitet wird). Jetzt nehmen wir an, du übst Gehen an lockerer Leine, weil das gerade das Thema in der Hundeschule ist.

Meine Lieblingsvariante, das schnell zu trainieren ist, dass ein Leckerchen nach vorne geworfen wird und der Hund nur an lockerer Leine drankommt. Du gehst also über einen asphaltierten Feldweg, der sich für diese Übung anbietet, oder du hast einen langen Flur zuhause.

Du rufst dir den Trainingsschritt ins Gedächtnis und legst los. Du bist ganz bei dir und deinem Hund. Vielleicht klappt etwas nicht so ganz, wie du es dir vorgestellt hast, aber du übst deine Trainingsschritte schön ruhig und systematisch.

Jetzt stelle dir dieselbe Situation im Ort auf dem Bürgersteig vor. Oder in der Hundeschule. Oder auf dem Hundespaziergang. Wahrscheinlich wird da etwas ganz anders sein, ganz unabhängig davon, dass es eine andere Trainingssituation ist.

Du bist dann nämlich mit den Gedanken nicht mehr nur bei der Aufgabe, sondern auch noch bei den anderen Menschen. Solltest du dir das nicht vorstellen können, dann mach einmal das Experiment und beobachte dich und deine Gedanken genau in diesen Situationen.

Die Chancen stehen gut, dass in der Situation mit den Menschen die Gedanken kommen: „Was sollen die anderen von mir denken?" Es kann natürlich auch irgendetwas anderes sein, was als Gedanke kommt, weil andere Menschen in der Nähe sind. Diese Gedanken sind gar nicht mal schlimm. Schlimmer ist es, wenn du dann - damit die anderen vermeintlich besser von dir denken - anfängst etwas vorzuspielen. Du bist dann nämlich nicht mehr echt, nicht mehr authentisch.

Aber halten wir da mal die Lupe drauf: Da kommt dieser Gedanke „Was sollen die anderen von mir denken?"

Da ich irgendwann angefangen habe, in den Seminaren vor den Teilnehmern zu trainieren, bin ich diesem Gedanken natürlich auch begegnet. Tatsache ist jedoch, dass ich in diesen Situationen ganz aufs Tier und aufs Training konzentriert sein muss (mit weichem Fokus), damit ich auch das zeigen kann, was ich gerne zeigen will.

Uns wurde leider schon von klein auf beigebracht, dass es sehr bedeutsam ist, was die anderen von uns denken. Sind die Eltern zufrieden mit uns? Später in der Schule sind es die Lehrer. Denn je nach dem, was die von uns denken, entscheidet sich ja unsere Note. Vielleicht ist dieser Gedanke auch noch viel tiefer in uns verwurzelt. Der Mensch ist ein soziales Wesen. Die Gruppe ist für ihn überlebenswichtig, was vor Tausenden von Jahren natürlich noch viel entscheidender war. Ein Ausstoß aus der Gruppe bedeutete den sicheren Tod. Darum ist dieser Gedanke, den anderen gefallen zu wollen, wohl tief verankert. Wir haben es also da mit einem sehr alten Programm in uns zu tun. Guckt man sich diese Trainingssituationen jedoch an, dann stellt man schnell fest, dass diese Gedanken über das Denken anderer Menschen einen nur aus dem Hier und Jetzt herausholen. Und ein weiterer wichtiger Faktor ist, dass sie Gedankenkapazität brauchen, die mir dann fürs Training fehlt. Es ist eines dieser berühmten Trainingskarussells, die uns so häufig - man kann wirklich sagen - gefangen halten. Das Karussell dreht sich und wir schaffen es nicht, abzuspringen.

Der erste Schritt ist das Erkennen. Mach also wirklich mal dieses Experiment. Es ist sehr spannend, wenn man sich selber als Forschungsobjekt hat und sich mal selber von außen beobachtet.

Mir ging es also in den öffentlichen Trainings nicht anders. Dazu kam, dass ich ja noch einen Ruf zu verlieren hatte. Aber das geht wohl jedem so: Egal, ob ich als bekannte Hundetrainerin vor allen möglichen Leuten trainiere oder du vor den Leuten in der Nachbarschaft, wir haben gefühlt alle einen Ruf zu verlieren. Wie ist es mir nun gelungen, dieses Gedankenkarussell auszuschalten und damit in der Lage zu sein, ganz im weichen Fokus beim Hund zu sein?

Als erstes kam die Erkenntnis, was da passiert und damit auch das Annehmen. Das ist sozusagen der Ausgangspunkt. Ich sehe viele Parallelen zwischen unserem Gehirn und unserem Hund. Das Gehirn lässt sich genauso trainieren. Es gelten dieselben Regeln. Ich habe also das Ziel: Ich möchte es schaffen, mit den Gedanken ganz beim Training zu sein, ohne darüber nachzudenken, was die Zuschauer denken mögen. Diesen zweiten Teil des Satzes lass ich bei meiner Zielformulierung übrigens weg (Stichwort: rosa Elefant). Hier steht er nur zur Klarheit für die Leser.

Als nächstes bestimme ich meinen Ausgangspunkt. Ich nehme die Gedanken also wahr, wenn sie kommen. Aber ich nehme auch wahr, dass es Momente gibt, in denen ich sie nicht denke.

Jetzt muss ich den Weg von A (Ausgangspunkt) nach Z (Ziel) bestimmen. Aus der Beobachtung heraus, dass es schon Augenblicke gibt, in denen ich ganz aufs Training fokussiert sein kann, versuche ich herauszufinden, wie sich diese Momente von den anderen unterscheiden. Ein Faktor ist, dass ich nur den Hund sehe und gar nicht die Leute drumherum.

Ah, das kann ich also in meinen Trainingsplan einbauen. Ein anderer Faktor ist, wenn das Training flutscht, wenn es also gut klappt. Auch das kann ich in meinen Trainingsplan für mich einbauen (gleicht kommt, wie). Dann spielt auch bei uns der Verstärker eine große Rolle, also ein weiteres Rädchen, an dem ich drehen kann. Und dann gibt es beim Training unseres Gehirns noch einen großen Unterschied zum Training mit den Hunden. Wir können unser Mindset verändern, unsere Glaubenssätze. Das ist ein sehr wirkungsvolles Instrument. Beginnen wir also damit. Ich hatte schon oft das Feedback gehört, dass Fehler einen menschlich machen. Die Menschen nehmen es einem in der Regel gar nicht übel, sondern finden es menschlich. Natürlich bin ich menschlich. Also darf es auch Fehler geben! Das Ändern solcher Glaubenssätze funktioniert meist nicht auf Knopfdruck, sondern ist ein Prozess, aber ein sehr wirkungsvoller.

Das nächste war die Motivation. Was ist also der Verstärker? Ich kann, was ich übers Training zeigen und rüberbringen will, nur live zeigen. Alle Videos schaffen das nicht so, weil das Hier und Jetzt dabei nicht wirklich rauskommt. Und das Hier und Jetzt ist eben auch ganz wichtig. In Videos wird so viel von der Umgebung ausgeblendet. Dabei spielt der Augenblick immer eine so entscheidende Rolle! Da es mein Anliegen ist, gutes Training immer weiter zu verbreiten, ist das also ein sehr wichtiger Bestandteil, für den es keine Alternative gibt. Denn das habe ich am eigenen Leib erfahren: Ich glaubte schon lange, gut zu trainieren, bis ich wirklich gutes Training live gesehen hatte. Da ist mir erst so manch ein Licht aufgegangen, und das hatte einen immensen Unterschied gemacht. Damit stand die Motivation. Denn diese Erfahrung möchte ich möglichst vielen Menschen bieten.

Jetzt die Dinge, die ich mir für die ersten Trainingsschritte zunutze machen kann. Ich kann mich für den Anfang so stellen, dass ich das Publikum nicht sehe. So kann ich mir vorstellen, ich wäre ganz alleine mit dem Hund. Dann kann ich mir fürs Training einen „leichten" Hund aussuchen. Mit meiner jahrelangen Trainingserfahrung weiß ich, worauf ich da achten muss. Ich halte also Ausschau nach einem freundlichen, aufgeschlossenen, aufmerksamen Hund, der leicht mit Leckerchen zu motivieren ist.

Mit all diesen Maßnahmen gelingt es mir dann beim Training vor den Menschen, ganz im Hier und Jetzt und ganz authentisch zu bleiben. Das Feedback der Teilnehmer ist dann natürlich auch ein großer Verstärker.

Jetzt Achtung: Da gibt es eine Falle, in die man tappen kann! Gerade, wenn man sich in Authentizität übt, kann es sein, dass das genau ins Gegenteil umschlagen kann. Ich sehe solche Situationen immer als Frage des Universums: „Meinst du das wirklich ernst?"

Mit meinen Überlegungen, wie ich mir auf dem Weg zu mehr Authentizität helfen kann, habe ich natürlich entdeckt, mit welchen Mitteln ich erfolgreich sein kann. Eigentlich sollten das ja nur Zwischenschritte von A nach Z sein. Ich muss also aufpassen, dass ich nicht auf dieser Stufe stehen bleibe, weil es sich so gut anfühlt. Denn natürlich macht es Spaß, wenn man sich im Erfolg bewegen kann.

Oh, und auf einmal habe ich scheinbar gefühlt noch mehr Ruf zu verlieren. Denn mit meinen Zwischenschritten konnte ich den Leuten etwas zeigen, was sie so noch nicht gesehen hatten. Aber ich hatte es mir ja auch leicht gemacht. Es ist in Ordnung, wenn man es sich leicht macht. Denn auch wir dürfen Ziele in kleinen Schritten erreichen. Aber wenn ich den Leuten wirklich helfen will, dann sollte es auch mit schwierigen Hunden gehen. Mir half meine Motivation, gutes Training verbreiten zu wollen, über diesen Punkt hinweg. Außerdem weiß ich, dass es am Rande der Komfortzone zu Wachstum kommt.

Ich wäre also voll in meiner Komfortzone, wenn ich auf dieser einfachen Stufe bleiben würde. Denn mit einfachen Hunden ist es ja kein Problem, gut zu trainieren. Eigentlich geht es ja darum, was man tut, wenn es Probleme gibt. Mit der Zeit konnte ich mir also immer schwerere Fälle aussuchen. Mit der Zeit konnte ich auch immer mehr vom Publikum sehen, ohne aus meinem weichen Fokus rauszukommen. Die fortgeschrittenen Trainingsschritte für mich waren dann, wenn Menschen im Publikum waren, die sehr kritisch waren und das auch während des Trainings äußerten.

Da half es mir dann ganz besonders, in mir drin zu bleiben. Genau dadurch gelang es mir eben wirklich, ganz im weichen Fokus zu sein. Ich lernte meine Atmung zu beobachten und auch zu regulieren, was sehr viel ausmacht. Und ich glaubte an mich und das Training. Schließlich hatte ich von Bob Bailey, meinem Freund und Mentor, gelernt „Believe, believe, believe"!

Auch die Kritiker zu überzeugen, war dann natürlich auch wieder ein guter Verstärker. Mittlerweile kann ich vor einem ganzen Haufen Kritiker trainieren und es macht mir nichts mehr aus. Ich kann selbstbewusst sein. Selbstbewusst. Ein spannendes Wort: Ich bin mir meiner selbst bewusst. Ich fühle meine Atmung. Ich beobachte meine Gedanken. Ich kann darauf reagieren und sie kontrollieren und mein Verhalten ändern, wenn es angebracht ist.

Damit ist echtes Selbstbewusstsein eigentlich Authentizität pur. Bin ich nämlich nicht ich selbst, kann ich mir meiner selbst nicht bewusst sein, dann ist alles nur Schauspiel.

Das, was ich hier über mein Leben als Trainerin beschrieben habe, gilt natürlich sinngemäß für jeden in den entsprechenden Lebenssituationen. Denn bei mir war es das Training, wo ich lernte, authentisch zu sein, für den anderen sind es vielleicht Verkaufsgespräche, für wieder einen anderen die Erziehung der Kinder und so weiter. Authentizität, also echt sein, hilft in jeder Lebenslage. Da gehört auch mal zu, zu sagen „Ich kann jetzt nicht" oder „Ich brauche mal eine Auszeit für mich" oder was auch immer gerade wichtig ist und was man mehr und mehr fühlt, wenn man selbstbewusst, sich also seiner selbst bewusst ist.

Auf die innere Stimme hören

Wir hatten das Beispiel der Trainer, für die es herausfordernd ist, auf ihre eigene innere Stimme zu hören und stattdessen lieber auf irgendwelche Seminare gehen und von Fachleuten zu lernen. Aber da ist ja nicht nur bei Trainern. Gerade wenn es um Persönlichkeitsentwicklung geht, beobachte ich diesen Trend auch. Es kommt mir fast wie eine Sucht vor.

Nun möchte ich hier nicht falsch verstanden werden: Seminare und Anregungen von Menschen, von denen man gerne lernen möchte, sind mit Sicherheit eine gute Sache. Aber dann gilt es, ins Tun zu kommen. Dann gilt es das auch umzusetzen, seine Erfahrungen zu machen, das Gelernte auf die eigene Situation anzuwenden. Dazu gehört, dass man lernt, auf die innere Stimme zu hören. Es ist jeder einzigartig und es gelten nun mal nicht dieselben Wege für alle. Wie beim Absprung von einem Sprungturm darf man sich trauen und den Schritt gehen, auf die eigene Intuition zu hören. In unserem Kurs „Einfach mal Verhalten ändern" haben wir eine Aufgabe, dass man an einem freien Tag mal das Experiment macht und einfach auf die innere Stimme hört, was man machen möchte. Wonach „schreit" der Körper? Was gibt dir Energie? So wie es bei der Ernährung erst mal schwierig sein kann, auf die feinen Zeichen des Körpers zu hören, weil unser Verdauungssystem durch ungesunde Nahrung so durcheinander gebracht ist, kann das auch da der Fall sein.

Wenn ich die meiste Zeit gestresst durchs Leben gehe, kann es sein, dass ich an so einem Tag einfach nur schlafen will. Fühlt man genau hin, gibt das aber nicht wirklich Energie. Vielleicht ist man danach sogar noch kaputter. Also gilt es da hinzufühlen: Was brauche ich wirklich?

Vielleicht gilt es auch verschiedene Dinge auszuprobieren, damit man den Unterschied fühlen kann. Ich habe zum Beispiel über Jahre gar nicht gemerkt, wie verkrampft mein Nacken und meine Schultern waren. Denn das war ja der Normalzustand. Erst als ich gelernt habe, wie es sich eigentlich normal anfühlen sollte, konnte ich diesen Unterschied erkennen und spüre heute eine kleinste Anspannung in diesem Bereich sofort.

Wir dürfen also herausfinden lernen, was für uns selbst richtig ist. Es ist so spannend, wenn man sich selbst immer besser kennen lernt. So wie bei uns, wenn wir nach Jahren im Ballett neue Muskeln ansprechen können, von denen wir vorher noch nicht einmal wussten, dass es sie gibt. Ich fühle mich immer vollständiger und im Team mit dem eigenen Körper. Dadurch bin ich eigentlich nie mehr alleine, was enorme Kraft gibt. Das geht nicht nur mir so, sondern allen anderen auch, die das über die Jahre so erleben durften.
Die eigene Einzigartigkeit wird viel ausgeprägter. Das geht zwar gegen den heutigen Trend, wo eher alle gleichgeschaltet werden sollen. Aber das ist so viel bereichernder. Vor allem, wenn man sieht, was dann entstehen kann, wenn sich mehrere in ihrer Einzigartigkeit zusammentun! In der Natur ist es ein Gesetz, dass ein Ökosystem um so stabiler ist, je artenreicher es ist. Interessanterweise beobachten wir dort auch in großem Stil die Monokulturen. Auch dort bekommen wir also den Spiegel vorgehalten. Die vielen kleinen Beispiele an kleinen Inseln voller Artenreichtum lassen das Paradies erahnen, was uns erwarten kann. Jeder darf also seine eigene Einzigartigkeit entdecken und fördern, auf das wir zusammen eine artenreiche Gemeinschaft werden und auch da ein Paradies entstehen kann. Das ist meine Vision und ich hoffe, dieses Buch kann einen kleinen Beitrag dazu leisten.

> *Wenn wir alle unsere eigene Einzigartigkeit entdecken und fördern, werden wir zu einer artenreichen, stabilen Gemeinschaft anstatt einer anfälligen Monokultur.*

„Are you better off now, than you were before?“

Wir wollen uns gegen Ende des Buches nochmal zwei Sätze von Bob Bailey vornehmen, die so viel Weisheit enthalten. Das Schöne an diesen Sätzen ist, dass ich sie nicht nur gehört habe in den herausfordernden Trainings mit Bob, sondern am ganzen Körper erfahren durfte.

Dazu möchte ich dich mit in mein erstes Hühnermodul bei Bob nehmen.

Es war zu einer Zeit, als ich dachte, ich wüsste alles über Training. Ich weiß noch gut, wie eine Trainerin zu der Zeit einmal im Jahr ein Seminar für fortgeschrittene Trainer organisierte. Sie lud dazu Trainer aus Amerika ein, die uns aber alle wieder mit den Grundlagen langweilten. Auf die Frage, wann dann endlich die fortgeschrittenen Themen kämen, kam die Antwort: „Ihr müsst ja erst mal die Grundlagen beherrschen!“ „Was für arrogante Typen“, ärgerte ich mich, „Die wissen ja gar nicht, wen sie vor sich haben!“ Ich war nicht die Einzige, die so dachte. Um es kurz zu machen: Ich war schon sehr von meinem Können überzeugt.

Ich kam also ins Hühnermodul in der Erwartung, mich endlich mal mit einem guten Trainer auf Augenhöhe zu unterhalten. Im Nachhinein kann ich über diese frühere Version meiner selbst nur mitleidig lächeln. Aber das war gut, denn jetzt habe ich Verständnis für alle, die genauso denken.

Stell dir also folgendes vor: Ich habe zwei Hühner, die ich über fünf Tage trainieren darf. Die Aufgabe ist eine Farbunterscheidung. Hühner sind mit den Augen so gut wie Hunde mit der Nase. Mit anderen Worten: Diese Aufgabe ist für ein Huhn total einfach. Nicht aber für den Trainer. Besonders, wenn man der Überzeugung ist, schon alles zu können. Es geht nämlich darum, sein Verhalten zu ändern, um das Verhalten es Huhnes zu ändern.

Ich habe also dieses Huhn vor mir, die Futterschüssel mit dem Klicker in der Hand. Ich kann endlich einigermaßen ruhig stehen, weil ich das schon über die letzten Tage lernen durfte. Wäre hätte gedacht, dass ruhig Stehen so schwierig ist? Neben mir steht meine Trainingspartnerin, der ich schon mehr als einmal gerne den Hals rumgedreht hätte, wenn aus ihrem Mund kam: „Du bewegst dich schon wieder“!

Die nächste Herausforderung ist, dass ich mich nicht vom Huhn trainieren lasse. Das musst du dir mal vorstellen: Da steht die gefühlt beste Trainerin Deutschlands und lässt sich von einem Huhn trainieren!

Immer, wenn ich eine schöne Idee hatte, war Bobs Antwort nur: „Interesting." Übersetzt heißt das so viel wie „Totaler Schwachsinn. Ändere einfach nur dein Verhalten und trainiere mal richtig!"
Ich komme auch nicht weiter. Immer wieder pickt mein Huhn, wenn es nicht picken sollte und pickt nicht, wenn es endlich picken soll. Und dann kommt am Ende der Trainingssession diese gemeine Frage: „Are you better off now, than you were before?" (Bist du jetzt weiter, als du vorher warst?)
Wie gerne würde ich mein geniales Training erklären und dass das „dumme Huhn" nur einfach nicht verstehen will. Aber die Fakten sind eindeutig: Nein, ich bin nicht weiter als vorher. Trainingssession um Trainingssession wiederholt sich diese Antwort. Zuerst geht es allen so. Dann aber sind meist die erfolgreich, die vorher noch gar nicht trainieren konnten. Meine Trainingspartnerin erreicht auch ihr Ziel. So bekommt das begehrte Lobkärtchen von Bob. Wir beide bekommen es, weil es Teamwork ist. Ich kann mich aber nicht freuen, denn mein verdammtes Huhn macht immer noch nicht, was ich will! Ich könnte verzweifeln, die Futterschüssel in die Ecke werfen und laut losschreien, weshalb gerade ich ein so blödes Huhn bekommen habe!
Erst als ich resigniere und erkenne, dass es an mir und nicht am Huhn liegt, kommt endlich der Durchbruch. Endlich schaffe ich es, meinem Huhn klarzumachen, was es tun soll. Zu diesem Zeitpunkt kommt dann kein Triumph mehr in mir auf, sondern Demut, Bescheidenheit und auch Dankbarkeit. Als der größte Trainer kam ich ins Seminar, als klitzeklein mit Hut ging ich am Ende heraus. Aber für mich haben sich Welten eröffnet. Von meinem hohen Ross war ich runtergefallen, um zu erkennen, dass ich erst am Anfang stehe und noch so viel über Training lernen darf.
So schmerzhaft wie Bobs Frage nach jeder Trainingssession war, so sehr hat sie aber dazu beigetragen, dass ich es endlich geschafft habe, mein Verhalten zu ändern, um das Verhalten meines Huhnes zu ändern.
Auch außerhalb des Trainingskontextes habe ich diese Frage immer im Ohr. Denn man kann alles im Leben verbessern. Das heißt nicht, dass etwas schlecht ist. Denn es ist alles perfekt so, wie es ist. So wie eine Knospe perfekt ist und sich entwickeln darf zu einer wunderschönen Blüte, dürfen wir uns zu immer besseren Versionen unserer selbst entwickeln.
Da sind wir wieder bei der Vision oder beim Ziel. Wer möchtest du gerne sein? Bist du jetzt weiter, als du vorher warst? Nein? Vielleicht musst du dein Ver-

halten ändern? Und ja, es ist so viel einfacher, den anderen die Schuld in die Schuhe zu schieben. Bei mir war es ja auch „das dumme Huhn". Es ist aber nie das Huhn, es sind nie die anderen. Das dürfen wir erkennen, wenn wir Veränderungen haben wollen. Dann wird auf einmal alles möglich! Nein, es wird nicht nur alles möglich, es werden Wunder geschehen.

„Sorge dafür, dass die Grenzen die des Tieres sind und nicht deine eigenen"

Auch das ist ein lehrreicher Satz von Bob. Ehrlicherweise muss ich zugeben, dass ich den anfangs gar nicht verstanden habe. Wenn man sehr überzeugt von sich ist, sind es natürlich immer die Grenzen des Tieres, was auch sonst? Geht man jedoch durch die harte Schule der Hühnermodule und merkt, dass es eigentlich immer die Grenzen des Trainers sind, dann bekommt der Satz eine ganz andere Bedeutung. Dann bekommt man nämlich erst mal den Hauch einer Ahnung, was möglich sein könnte. Das lässt einen sehr bescheiden und demütig werden. Es ist so viel mehr möglich, als wir denken. Ich habe nämlich noch niemanden gesehen, der an die Grenzen des Tieres käme und nicht an seine eigenen. Das Schöne daran ist, dass wir noch viel Entwicklungspotenzial haben.

„Dein jetziges Ich wird seine Ziele niemals erreichen. Dafür darfst du zu einer aktualisierten Version deiner selbst werden."

Ähnliches gilt im Leben. Auch da sollten wir uns nicht begrenzen. Es ist so viel mehr möglich, als wir denken! Mit den richtigen Zielen und dem richtigen Fokus können wir so viel mehr erreichen, als wir es uns heute überhaupt vorstellen können.

Ich wünsche dir, dass du durch dieses Buch den Hauch einer Ahnung davon bekommen hast und dich auf den Weg machst, mehr herauszufinden.

Und denke daran, dass dein jetziges Ich seine Ziele niemals erreichen wird. Du darfst dafür zu der aktualisierten Version deiner selbst werden.

Lieben, lernen, wachsen

Wenn ich nach all den Jahren Trainingserfahrung ausdrücken sollte, was meine Trainingsphilosophie ist, dann würde ich sagen: lieben, lernen, wachsen.

Die Liebe sollte all unserem Tun zugrunde liegen. Wir sollten immer bestrebt sein, dazuzulernen, über uns selbst, über unser Tier und über unsere Kommunikation miteinander. Zusammen dürfen wir wachsen und uns entwickeln und zu immer besseren Versionen unserer selbst werden. Denn das ist Leben.

Was fürs Training gilt, gilt natürlich auch hier wieder fürs Leben. Auch da sollte die Liebe die Grundlage für alles sein. Wir dürfen lernen, hauptsächlich über uns selbst und natürlich über die Kommunikation, der Verständigung mit anderen und die gegenseitige Unterstützung.

Wir dürfen alle gemeinsam wachsen und uns entwickeln. Wir dürfen einer lebenswerten Zukunft entgegensehen. Das wünsche ich allen aus tiefstem Herzen.

Über die Autorin

Dr. Viviane Theby liegt gutes Training sehr am Herzen. Sie beschäftigt sich nun schon seit einem halben Jahrhundert mit Training. Anfangs ging das über die Beobachtung ihres Großvaters, der eine besondere Beziehung zu den Tieren auf dem Bauernhof hatte. Von ihm konnte die Autorin sehr viel abschauen. Mit elf Jahren bekam sie ihren ersten eigenen Hund Timo. Aktuell begleiten sie die Labradorhündin Tara und der Lagottorüde Eddi. Jeder einzelne Hund in ihrem Leben war ein großer Lehrmeister.
Seit dem Jahr 2000 betreibt Dr. Viviane Theby zusammen mit ihren beiden Kolleginnen Michaela Hares und Lisa Peitz die Tierakademie Scheuerhof. Sie ist Tierärztin mit Zusatzbezeichnung Verhaltenstherapie und hat ihre Doktorarbeit zum Thema Nasenarbeit der Hunde geschrieben.
In der Tierakademie werden hauptsächlich Hunde- und andere Tiertrainer ausgebildet. Besonders bekannt ist die Tierakademie für die Hühnerkurse, die ursprünglich von der Trainerlegende Bob Bailey ins Leben gerufen wurden. Da ist die Autorin neben einer schwedischen Trainerin die einzige von Bob Bailey autorisierte Anbieterin. Sie lernt ständig dazu und gibt dieses Wissen auf Seminare im In- und Ausland und jetzt auch immer mehr online gerne weiter.
In der Tierakademie Scheuerhof geht es immer darum, das Training weiter zu optimieren und perfektionieren. Das Siegel TOPTrainer steht für Qualität. Neben der Trainingstechnik geht es immer mehr darum, dass auch der Hundehalter eine neue Version seiner selbst werden darf, wenn er das Verhalten seines Hundes verändern möchte.
So wie das Ganzheitliche Management auf dem landwirtschaftlichen Betrieb von Dr. Viviane Theby ist, so ist die Ganzheitlichkeit auch immer mehr Thema im Training.

Danke!

Ich kann gar nicht sagen, wie dankbar ich für „Schlüsselmomente“ bin. Dieses Buch ist eine echte Herzensangelegenheit. Natürlich wäre es wohl nie entstanden ohne die vielen Weisheiten, die ich durch Bob Bailey in Sachen Training, aber auch fürs Leben lernen durfte, wofür ich meine Dankbarkeit gar nicht in Worte fassen kann. Danke, lieber Bob, du wirst für immer mein Held bleiben!
Ein ganz besonderer Dank geht auch an Gisela und Nicole vom Kynos-Verlag. Es ist einfach wundervoll, wenn die Idee zur Wirklichkeit wird, vor allem wenn diese Wirklichkeit dann so gut mit der Idee, die im Kopf entstanden ist, übereinstimmt und teilweise noch schöner wird als die manchmal vagen Vorstellungen.
Danke an Chiara für deine Durchsicht des Manuskriptes. Der Austausch mit dir darüber hat mir sehr viel bedeutet! Überhaupt muss ich mich bei allen in der Familie bedanken, dass sie mich so oft mit dem Computer teilen dürfen, weil ich meine Ideen umsetze. Ihr seid die beste Familie, die man sich vorstellen kann!
Auch meinem Team an der Tierakademie Michaela und Lisa gilt ein besonderer Dank. Es dauert nicht mehr lange, da feiern wir sozusagen »Silberhochzeit«. Ich glaube so etwas ist ziemlich einzigartig. Es ist so faszinierend, wie wir uns im Team weiterentwickeln und dennoch - oder gerade deshalb - ein so besonderes Team bleiben.
Und last but not least darf ich mich natürlich bei all den wundervollen Tier-Mensch-Teams bedanken, die wir in unserer Zeit der Tierakademie schon begleiten durften oder jetzt aktuell bei den Teilnehmern der Traumlebensschule. Ohne euch wären die Kapitel im Buch wahrscheinlich nur vage Ideen im Kopf geblieben und hätten sich nie so klar herausgeformt.
Ich bin dankbar für mein wunderbares Leben und für alles, was da noch kommen darf.

Viviane Theby, März 2023

Buchempfehlungen:

Dr. John F. Demartini: „The Breakthrough Experience“
Jill Bolte Taylor: „Whole Brain Living“

Link zu meinen Kursen:

»Einfach« mal Verhalten ändern
https://elopage.com/s/tierakademie/einfach-mal-verhalten-aendern-2

In diesem Gratis-Kurs wirst du 14 Tage lang herausgefordert, immer wieder dein Verhalten zu ändern.
Es gibt jeden Tag eine neue kleine Herausforderung, sodass du am Ende schon feststellen wirst, dass die Verhaltensänderung immer leichter fällt.

Hier ist der Link zur Traumlebensschule:
https://elopage.com/s/tierakademie/traumlebensschule

Bei der Traumlebensschule handelt es sich um ein dreimonatiges Programm, in dem es darum geht, Schritt für Schritt sein Traumleben aufzubauen.
Mit den Prinzipien, die in diesem Buch vorgestellt werden, haben wir nämlich viel mehr Power dazu, als wir im Allgemeinen denken.
Das Programm ist für Menschen, die auf der Suche sind, das eigene Potenzial, die eigenen Talente, Fähigkeiten und Stärken zu entfalten und die eine Perspektive für ihr eigenes Wachstum finden wollen.

Das könnte dich auch interessieren:

Dr. Viviane Theby

Verstärker verstehen

Über den Einsatz von Belohnung im Hundetraining

Belohnen ist weit mehr als nur gelegentlich Leckerchen geben: Im richtigen Belohnen steckt ein riesiges Potenzial, um das Training von Hunden effektiver zu gestalten und gewünschte Verhaltensweisen felsenfest zu verankern.

Die erfolgreiche Tiertrainerin Dr. Viviane Theby erklärt auf solider wissenschaftlicher Grundlage aktueller Lerntheorie, warum richtige Belohnungen so machtvolle Verstärker von Verhalten sind, worin der Unterschied zwischen primären und sekundären Verstärkern besteht, warum das exakte Timing entscheidend ist und was es mit Belohnungskriterien und Belohnungsraten auf sich hat.

Flexicover, 192 Seiten
ISBN 978-3-95464-301-1

Elisabeth Beck

Psycho-Kiste für Hundehalter

So trainieren Sie Ihre innere Stärke

Die erfahrene Psychologin, Tiertrainerin und Buchautorin Elisabeth Beck zeigt Ihnen in diesem Buch auf unterhaltsame Weise, wie Sie Ihrem eigenen Körper mit kleinen Experimenten und Übungen helfen können, in kritischen Situationen gelassener zu reagieren, wie Sie lernen, wie Ihr Hund zu denken, gute Zustände für sich abrufbar zu machen oder der Kritik anderer souverän zu begegnen.

Flexicover, 176 Seiten
ISBN 978-3-95464-233-5

www.kynos-verlag.de

Kimberly Artley

Mein Hund, mein Buddha

100 Lektionen fürs Leben und fürs Training

Alles hängt zusammen, beeinflusst sich gegenseitig und ist nicht voneinander trennbar: Das gilt auch und besonders für unseren Umgang mit Hunden. Sie können uns einerseits vieles lehren, was die innere Einstellung und die Sicht aufs Leben angeht, andererseits können wir unsere Kommunikation mit ihnen entscheidend verbessern und auf eine ganz neue Ebene heben, wenn wir mit uns selbst wirklich ganz im Reinen sind. Hundetrainerin Kimberly Artley, die sich selbst gern als „People-Empowerer" bezeichnet, hat einhundert Lektionen zusammengestellt: Kleine Mosaiksteinchen, die Ihnen helfen, nicht nur die Beziehung zu Ihrem Hund zu verbessern und Ihre innere Balance zu stärken, sondern auch ganz konkrete Tipps für die Umsetzung im Training geben.

Flexicover, 224 Seiten
ISBN 978-3-95464-234-2

Katja Krauß & Gabi Maue

Emotionen bei Hunden sehen lernen

Eine Blickschule

Hunde-Körpersprache einmal anders: Dieser einzigartige, in vielen Jahren des Beobachtens entstandene Bildband konzentriert sich weniger auf die wissenschaftlich detaillierte Beschreibung von Ausdrucksverhalten als vielmehr auf eine echte Blickschulung für Hundehalter und -trainer: Wie kann denn ein unsicherer, ängstlicher, neugieriger oder aggressiver Hund aussehen? Wie unterscheidet sich die Mimik bei schlapp- oder stehohrigen und wie lerne ich, die gezeigten Äußerungen im Kontext der Situation richtig zu deuten? Lernen Sie, hinzusehen und Hunde besser zu verstehen!

Hardcover, 624 Seiten, über 1300 Fotos
ISBN 978-3-95464-216-8